图书在版编目（CIP）数据

城市中风与水环境营造／陈治军，胡玎主编．
上海：同济大学出版社，2016.1
（理想空间；70）
ISBN 978-7-5608-6180-7

Ⅰ.①城… Ⅱ.①陈… ②胡…Ⅲ.①城市环境－环境规划
－中国 Ⅳ.① X321.2

中国版本图书馆 CIP 数据核字（2016）第 008588 号

理想空间
2016-1(70)

编委会主任	夏南凯　王耀武
编委会成员	（以下排名顺序不分先后）
	赵　民　唐子来　周　俭　彭震伟　郑　正
	夏南凯　蒋新颜　缪　敏　张　榜　周玉斌
	张尚武　王新哲　桑　劲　秦振芝　徐　峰
	王　静　张亚津　杨贵庆　张玉鑫　焦　民
	施卫良
执行主编	王耀武　管　娟
主　编	陈治军　胡　玎
责任编辑	由爱华
编　辑	管　娟　陈　杰　姜　涛　赵云鹏　陈　鹏
责任校对	徐春莲
平面设计	陈　杰
网站编辑	郭长升
主办单位	上海同济城市规划设计研究院
承办单位	上海怡立建筑设计事务所
地　址	上海市杨浦区中山北二路 1111 号同济规划大厦
	1107 室
邮　编	200092
征订电话	021-65988891
传　真	021-65988891-8015
邮　箱	idealspace2008@163.com
售书 QQ	575093669
淘宝网	http://shop35410173.taobao.com/
网站地址	http://idspace.com.cn
广告代理	上海旁其文化传播有限公司

出版发行	同济大学出版社
策划制作	《理想空间》编辑部
印　刷	上海锦佳印刷有限公司
开　本	635mm x 1000mm　1/8
印　张	16
字　数	320 000
印　数	1-10 000
版　次	2016 年 1 月第 1 版　2016 年 1 月第 1 次印刷
书　号	ISBN 978-7-5608-6180-7
定　价	55.00 元

编者按

中国的城市发展已经进入新常态，曾经野蛮生长、千城一面式的城市发展不仅不符合国家战略，也难以满足人们更高的物质和精神需求，因此充分利用自然环境、实现城市特色成为对城市规划师的新要求。为此，本辑推出了《城市中风与水环境的营造》主题，将现代生态理念与传统的规划理论相结合，体现在不同的规划层面对风环境和水环境的利用，营造出更有魅力、更富个性的城市空间。

在"风与水环境的策划"部分，黄玮等人的文章或从城市层面探讨构建生态网络和现代风水环境的可能性，或从项目层面分析策划和概念规划对城市的影响，通过引入文化旅游、空间管控等手段，改善城市的风水环境。

在"风与水环境的设计"部分，将规划、建筑和景观专业在风与水环境的构架下进行整合，既有偏宏观的城市绿地系统和绿道网络的分析，也有偏中观的城市设计和详细规划的介绍，更有微观尺度下的个别项目的景观设计剖析，其共性都是在规划与设计中，将人工环境与自然环境相结合，突出项目特色。

在"风与水环境的技术"部分，两篇以模拟技术和水文水力模型为主题的文章，从技术层面分析城市微气候和水文形态，体现了规划设计中更好地利用生态技术和手段形成更富逻辑、更具科学性的规划。

最后在"他山之石"部分，陆媛的文章分析了荷兰几个城市水城共生的关系，为国内的城市发展提供了一定的参考借鉴。

上期封面：

CONTENTS 目录

Top Article

Subject Case

Plan of the Wind and Water Environment

Design of the Wind and Water Environment

Technology of the Wind and Water Environment

Voice from Abroad

主题论文
Top Article

城市风水环境理论初探
——基于城市兴衰的视角

A Preliminary Study on the Theory of Urban Environment

温银娥　苑剑英
Wen Yin'e　Yuan Jianying

[摘　要]　传统风水理论在我国古代的城市选址和环境塑造中起到了重要的作用，在城市的规划设计和景观营造中也发挥了不小的影响。总体来看，在农业社会，传统风水通过政治、军事、交通等方面对城市施加影响，作者构建了新风水理论，认为在工业社会和信息社会，除政治、军事和交通因素外，还应当强调经济、文化、科技和环境因素对城市的导向作用

[关键词]　城市问题；城市风水环境；城市兴衰

[Abstract]　Traditional environment played an important role in China's ancient city location and environment shaping. It also played big impact in planning, design and build the city's landscape. In agricultural society, traditional feng shui influence cities through political, military, transportation and other aspects. The authors constructed a new feng shui theory, which point out that in industrial society and the information society, in addition to political, military and transportation factors, we should also emphasize the guiding role of economic, cultural, technological and environmental factors for the cities.

[Keywords]　Urban Problem; City Environment; The Rise and Fall of City

[文章编号]　2016-70-A-004

一、城市选址和风水环境塑造

1. 城市选址

据考古发掘研究，在3700年前的商城（郑州）建设中已有对城市风水环境的考虑。商城选址在金水河与熊耳河之间的高地上，北依紫荆山，城外山环水抱，城内对称方整。自周代起，都邑建设中均对风水环境有文字记载。其中不乏很多具有特色的城市选址建设案例。

（1）六朝古都——南京

"十代帝王都，六朝金粉地"的南京城之所以为历代统治者所青睐，与其理想的风水环境有着密切的联系。南京位于长江下游南岸，东距长江入海口300km；西接江淮平原，东南毗邻鱼米之乡太原，是名副其实的通江达海之门户。

南京与镇江之南有一系列山地，统称宁镇山脉，分三支从城西入城。北支沿长江南岸一路延伸成丘陵，为城北外围天然屏障；中支一路跌宕起伏，至城东突然高耸；南支与北支蜿蜒环抱，左右护围中支。长江自西向南滔滔而来，到南京拐了一个大弯流向大海。秦淮河和金川河呈带状自南向北流经城区，

注入长江。使南京城形成典型的"山环水抱"之势。

（2）风水古城——阆中古城

位于四川盆地东北缘、嘉陵江中游的阆中古城，已有2 300多年的建城历史，是中国著名的古城。阆中起初得名也是与风水环境有关，"阆"因山水而来，《资治通鉴•汉纪四十二》引宋白的话："阆水迂曲，经其三面，县居其中，取以名之。"阆中最初作为巴子国别都而建城，选址于区域的地理中心，得名阆中之"中"，这也充分反映了"择中"观的影响。

阆中城的选址显然考虑到风水环境。阆中处于三支龙脉中的中干南麓，又近邻南干发脉处，这正是其历来为巴蜀北部重要政治军事中心的地理基础。阆中城四面群山环绕。嘉陵江潆回阆中三面，形成"金城环保"之势。这种形势不仅为阆中带来了诸多利益，如调节气候，交通便利，城市繁荣，商业发达，而且为阆中百姓营造了独特的美景，正如杜甫《阆水歌》："嘉陵江色何所以，石黛碧玉相因依……"阆中城地处于这样一个环境中，2000多年来一直是川北政治军事重镇，商贾辐辏和雅致山水的文人墨客荟萃胜地，经济繁荣，人才辈出，

无愧于风水宝地。

2. 城市的规划与设计

中国古代城市规划知识体系的基础是古代哲学文化，它糅合了儒、道、法等各家思想，最鲜明的一点是讲求天人合一、道法自然，对地形地貌、气候生态等各环境要素进行综合评价，并提出建筑规划和设计的一些指导性意见。

这主要表现在城市中轴线的确定和重点建筑的布局上。例如以宫殿、寺庙、陵寝等建筑群的中轴线面对某些山峰（祖山、主山、朝砂、案砂），构成对景以壮城市之形势。战国时吴国大臣伍子胥为给吴国都城选址，总结出"相土尝水、象天法地"的城市规划布局思想，此后一直到明清北京城，历代都城基本都沿用了这种规划理念。

另一个表现为对水系的巧妙应用。以宏村为例说明。从宏村的总平面图中可以看出经过严格规划的"牛型村落"布局：巍峨苍翠的雷岗为牛首，参天古木是牛角，由东而西错落有致的民居群宛如庞大的牛躯。引清泉为"牛肠"，经村流入被称为"牛胃"的月塘后，经过滤流向村外被称作是"牛肚"的南湖。

1.南京城市意向
2.阆中市地理位置
3.阆中古城格局

人们还在绕村的河溪上先后架起了四座桥梁，作为牛腿。这种别出心裁的人工水系设计，不仅为村民解决了消防用水，而且调节了气温，为居民生产、生活用水提供了方便，创造了一种"浣汲未防溪路远，家家门前有清泉"的良好环境，宏村的规划充满了生存智慧。

3. 城市景观的营造

在城市景观方面风水环境营造主要体现在园林选址。园林选址也要遵循"背山面水，负阴抱阳，藏风聚气"的要求。具备这样条件的自然环境和较为封闭的空间使用有利于形成良好的生态和环境。我国皇家园林作为我国古典园林中庞大的艺术创作，在选址时非常注重风水环境。例如颐和园主体建筑佛香阁位于整个园林的构图中心，背靠万寿山，面朝昆明湖，整个园林呈现出一个山环水抱的理想环境，构成了完整均衡的景观画面。

除了基址的选择外，园林景观还重视住宅周围的环境布局和住宅内的空间构成，谓之"人之居址宜以大地山河为主，其来脉气势最大，关系人祸福最为切要"，"远以观势，虽略而真，近以队形，虽约而

博"，"百尺为形，千尺为势"，强调了园林中布局的重要作用。

二、城市问题与风水环境

古代的农业社会，人们还不了解大自然的规律，对自然是一种敬畏的态度，认为只有适应了自然才能更好地生存，违反了自然就会受到惩罚。因此基地造址都是选择自然条件最好的，回避最不利的。这便是"相山尝水，相天法地"的精髓，古人讲究天人合一也是这个道理。

随着科学的发展人们改变了对大自然的敬畏态度。尤其工业革命以来科技的发展和社会的进步让人们越来越了解自然的规律，从而沉浸在改造大自然的无限乐趣中，创造了一系列人工合成的产物和人造工程，包括城市本身。今天的大城市群，完全是人工的产物。然而这种肆无忌惮地改造也带来了一系列"副产品"：废水、废气、废物……对人类生存环境的破坏已经到了无以复加的地步。海平面上升、沙漠化、空气污染等使人类越来越意识到对大自然的掠夺已经让城市岌岌可危。尤其20世纪50年代以来，西方工业发达国家经历了"人口爆炸"、"环境污染"、"资源枯竭"等危机。人们开始从各方面寻找解决这种危机的良方。中国传统文化中注重"天人合一"的规划思想逐渐引起了不少西方学者们的浓厚兴趣，从而开始反思对待自然的态度。当今社会体系庞大而复杂，城市建设的重点也不再是权利和管制，而是经济发展。因此，在古人智慧的基础上对风水环境思想加以延伸和发展，使其包含更多的内容，顺应时代的发展要求很有必要。

三、城市风水环境理论要素

1. 城市风水环境的影响因素

从现代城市建设和发展的角度上看，不仅需要考虑整个地域的自然地理条件与生态环境系统，更需要考虑经济、文化、政治、军事等各种因素。只有当该区域各种综合要素相互协调、彼此补益时，才会使城市充满生机活力，从而造就理想的"风水宝地"。因此，今天的城市风水环境理论应该是一种指导城市建设与发展的科学理论体系，其影响的因素包括：交通、政治、军事、文化、经济、科技和环境。

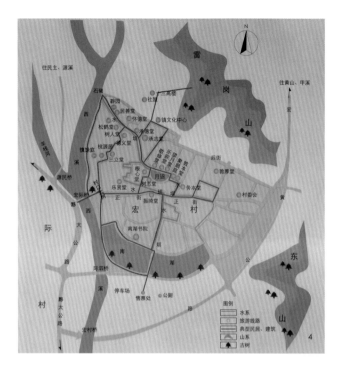

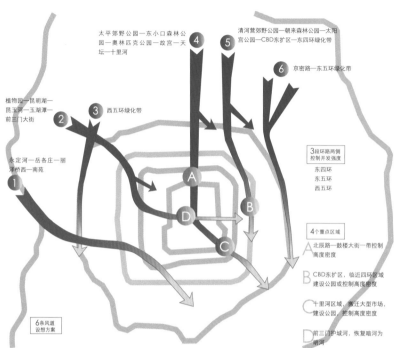

4.宏村总平面
5.北京6条风道示意图
6-7.宏村意向图
8-10.南京意向图

城市风水环境理论中所包含的七个要素在城市发展的过程中，至少有一个因素是起着主导作用的。下面以具体实例论述每个要素在城市发展中的导向作用。

（1）政治

政治因素对城市的影响是非常显著的。历史上许多城市如咸阳、西安在被选为国都之后从默默无闻、经济落后的小城一跃而成为全国的首位城市。然后随着迁都又渐渐衰落。而如今许多城市会因为被划为省会或行署中心后发展迅速，如拉萨。还有一些城市因为从省会变成非省会，从而导致城市发展速度下降，例如开封。此外还有一些城市，因为有着特殊的政治使命，城市发展也很迅速。一个城市，一旦成为一个区域政治中心，它就具有了无可抗拒的竞争力、吸引力，从而也就有了巨大的活力。

（2）军事

中国城市起源的最重要的原因之一就是军事防御，古代中国有许多城市是作为军事驻地而逐渐发展起来的，最为有名的莫过于雁门关。雄关雁门，居"天下九塞"之首。从战国时期的赵武灵王起，历代都把它看作战略要地，是兵家必争之地。但随着我国多民族统一国家疆域的逐步形成，雁门的边关作用已

经失去，这里也随之荒废。今天的旅顺也是因为其作为一个非常重要的军事港口而带动了旅游和经济发展，被世人铭记。

（3）交通

中国古代城市是建立在国家行政区划和农业经济基础之上的，因而受到封建政治、经济因素的极大制约。进入近代以后，中国交通地理与城市发展出现了剧烈变革，传统的城市发展格局被打破，一些城市由于具备优越的新式交通地理条件而迅速发展壮大起来。新航道的开辟、新路线的修建，往往会直接导致一些城市的迅速繁荣。而许多不具备或丧失了优越交通地理条件的城市则渐渐萧条或走向衰落。不可否认，今天比较繁荣的城市都拥有着良好的交通条件，例如的九省通衢的武汉市，由于拥有铁路、公路，水运等较好的交通条件，因而成为华中地区的中心城市。

（4）经济

无论从世界还是中国的城市发展史都可以看出，一部城市发展史也是一部城市职能逐步演进分化的过程，从早期城市到商业城市到工业城市再到现代化大都市，经济功能在不断提升壮大，并逐渐占据主导地位，从而决定了一个城市的地位。现今，经济的

繁荣已成为现代城市地位最直接的象征。像纽约、洛杉矶、旧金山这些全球经济中心都并非国家的权力中心。在我国，经济大都会也不断兴起，上海和深圳的崛起就得益于其强大的经济功能。经济之于一个城市的重要性使城市的发展摆脱了国家权力中心地理位置特殊性的局限与束缚，获得了更具普遍性的意义。

（5）文化

文化始终是影响城市生存与发展的一个重要而永恒的关键要素。城市是人类文化生产与精神活动的结晶与成果。对于城市的可持续发展而言，除了要有经济社会方面的繁荣与发展，一个更重要、更根本、更长远的问题在于能否提供一种"有意义、更美好的生活"。正是在这一点上，真正突显了文化在城市兴衰中的重要作用。例如曲阜原本是一座微不足道的县级小城市，但因为这里是具有世界意义的儒学的发祥地，有世界文化遗产孔府、孔庙、孔林，吸引了大量海内外游客，为这座城市的发展赢得了活力，使之成为全国屈指可数的公众知名的县级城市。

（6）科技

20世纪以来，迅猛发展的科技改变了世界，更改变了人类的生活，改变了城市发展的轨迹。每一次经济危机都孕育着一场新的技术革命，每一场科技革

命都将推动生产力发展和社会各个领域的变革，同时科技也将每个城市推向全球化的进程中去。例如硅谷由于苹果、谷歌等高科技企业的进驻，就由一处果园发展成为美国乃至全世界重要的电子工业基地。

（7）环境（EOD）

在历史上，环境的破坏导致了一些古老文明国家和地区的消亡、衰落，如古埃及、古巴比伦、古地中海和印度恒河文明、美洲玛雅文明等。工业革命以来，工业化国家严重的环境污染损害了人们的生命健康，严重阻碍了城市的发展。如比利时马斯河谷污染事件、英国伦敦的烟雾事件、美国洛杉矶光化学烟雾事件、日本的水俣病事件。

今天的城市选址和建设，不能仅仅考虑是否有利于目前的经济发展，而更应深刻关切城市社会经济可持续发展的潜力，即未来可能的生态演变所导致的一系列生态安全问题。否则，城市生态可能会成为一种潜在危机。

2. 城市风水环境的应用

纵观城市发展的历史，一些城市不断壮大，一些城市却在相对萎缩。究其原因，往往是因为其中一个因素发生改变或是几个因素同时发生变化，导致了城市发展的变化。而这些因素之间也都存在着一定的关联，一个因素的变化会引起其他因素的变化。工业时代技术改变了生活，经济、科技和文化的因素变成了考虑的重点。政治、军事和交通常常被忽略，尤其是环境因素。因此城市发展出现了一系列问题。信息时代的今天，环境因素再次被重视起来，各种低碳生态技术被积极用于改善环境，解决城市问题，促进城市的发展。以北京为例，作为我国的政治、文化、经济中心，也曾是历史上的风水宝地。但随着城市发展的步伐加大，环境问题日益严重。从2014年1月份以来全国范围内爆发的雾霾天气，更是让我们见识到了忽略环境因素所带来的惨痛代价。目前北京正研究6条主要的通风廊道，以增强通风潜力、缓解热岛效应，减缓雾霾。试图通过从风水环境途径来寻求解决方案。以构建通风廊道来形成城市新的风环境，以水系处理来构建城市活的水环境，城市中新的风与水环境的营造，将引导城市向生态优先、坏境友好的目标迈进。

作者简介

温银娥，上海交大安地规划建筑设计有限公司；

苑剑英，上海同济城市规划设计研究院城开分院。

1

1.核心区中轴线鸟瞰图
2.钦州滨海地区填海生态破坏对比图
3.用地环境与现状分析图
4.区域结构协调示意图
5.城市风水环境方案比较图

专题案例
Subject Case
风与水环境的策划
Plan of the Wind and Water Environment

滨海新城风水环境营建
——以钦州三娘湾新城为例

Construction of the Environment of New Costal City
—A Case Study of Sanniang Bay New City of Qinzhou

雷 诚　王海滔　陈 雪
Lei Cheng　Wang Haitao　Chen Xue

[摘　要]　本文在分析钦州城市发展的背景基础上，借鉴相关滨海新城建设的经验，认为未来滨海新城风水格局的营建有四个关键性要素"山、水、城、湾"；据此规划充分适应新城生态发展要求、结合滨海特殊地形环境，提出"山—水—城—湾"四位一体的城市风水新格局；并在钦州滨海新城概念规划研究中，结合"北部湾门户之水钻城"的设计构思，通过"概念总体规划、旅游发展构想、核心区城市设计"三个方面来研究滨海新城的规划。

[关键词]　滨海新城；风水环境；三娘湾

[Abstract]　On the base of analyzing the development background of Qinzhou city and learning from the construction experience of new coastal city , this paper believes that building future geomantic pattern of coastal city has four key elements, which about "Mountain, Water, City and Bay". Fully adapted to the new city ecological development requirements, combined with special coastal terrain environment, this plan puts forward a new city pattern of four in one about "Mountain-Water-City-Bay". In the research of Qinzhou conception plan, based on the design idea of "Crystal City, Gateway of Beibu Gulf", this paper studies coastal city planning from three aspects of "conceptual master plan, tourism development conception, and the urban design of core area " .

[Keywords]　New Coastal City; Environment; Sanniang Bay

[文章编号]　2016-70-P-008

21世纪以来，随着"发展天津滨海新区战略"上升为国家战略，全国范围内掀起了一股滨海地区建设热潮，滨海地区的发展再次成为被关注的焦点。在建设过程中，"土地赤字"成为制约城市发展的瓶颈，填海造陆因此成为解决空间需求的重要途径，然而作为大规模的人类干扰活动，填海造陆必然会对原有海岸带系统带来一系列的生态风水破坏，如破坏港湾景观生态安全、海洋泥沙淤积、海洋环境质量下降、生境退化和海岸带生物多样性的减少等。

针对上述问题，如何通过生态化规划营建城市风水新格局，成为推动滨海新城高效、持续发展的重要手段。本文以钦州滨海新城概念性规划及城市设计为例，探讨滨海新城风水新格局营建的相关方法与理论。

一、滨海新城发展背景解析

1. 城市发展概况

按照广西壮族自治区"十一五"计划，北部湾"南北钦防"四位一体发展战略成为广西发展的核心，而位于北部湾核心位置、经济增速位居北部湾领先地位的钦州必将成为北部湾发展的重心。在这种认识指导下，钦州市不断提升城市发展的定位，围绕全面提高城市竞争力这一发展主题，在城市定位、布局、功能、文化等方面做出了重大调整，提出了"大港口、大工业、大旅游"的城市发展目标和"通江达海"的城市发展战略，以及构建"钦州主城区、港口工业区、滨海发展区、三娘湾风景旅游区"四个功能区的城市发展格局。从总体规划布局上来看，钦州形成了自然山体与滨海岸线耦合的沿海岸组团式布局，构建了大城市生态风水格局基底。

目前，钦州市在空间上形成了三个中心，包括人居中心——钦州主城区，产业中心——钦州港工业区，旅游中心——三娘湾景区，这三个中心在空间上相互分离，其中港口距离主城30多km，三娘湾景区距离目前的港口西区约10多km，距离主城区40多km，难以形成有效的功能协调与互动，主城区对港区和旅游区的带动作用难以发挥。这需要我们从功能协调的角度对钦州各组团功能和空间进行一个整合规划，形成人居、产业、旅游三个功能核心互动，建设一个服务港区和旅游区的城市新区成为必然选择。

2. 规划区现状概况

钦州滨海新区位于钦州市南部犀牛镇临海区域，规划总面积约160km²。西侧与临港工业区隔江相望，南邻三娘湾国家级海豚公园（4A景区），该区域西面和南面是海洋，旅游资源丰富，环境优美。三娘湾滨海新区在未来将承担市级行政、会议展览、旅游接待等重要功能，是钦州市未来城市副中心，也是实现钦州跨越式发展和由近海型城市转向滨海

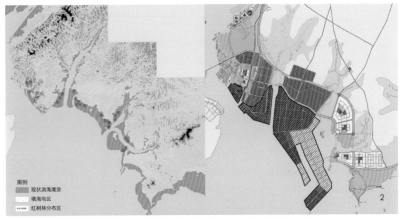

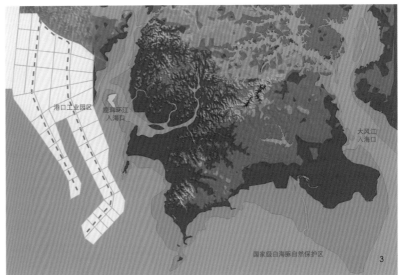

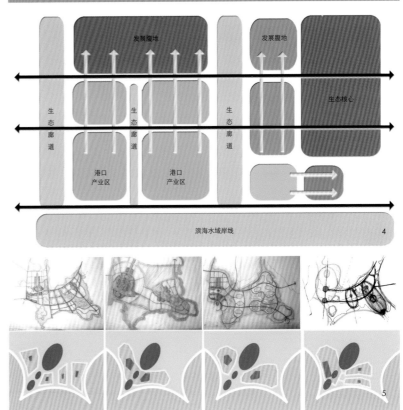

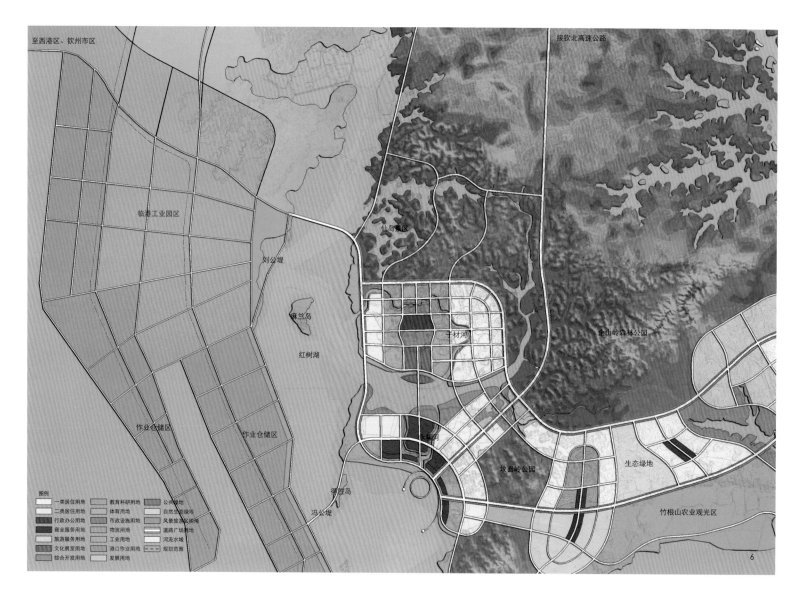

至西港区、钦州市区

接钦北高速公路

临港工业园区

刘公堤

仙岛景区

麻兰岛

子材河

红树湖

企山岭森林公园

作业仓储区

作业仓储区

水榭河

生态绿地

坡面岭公园

犀牛岛

竹根山农业观光区

冯公堤

图例

一类居住用地	教育科研用地	公共绿地
二类居住用地	体育用地	自然生态绿地
行政办公用地	市政设施用地	风景旅游区相地
商业服务用地	物流用地	道路广场用地
旅游服务用地	工业用地	河流水域
文化展览用地	港口作业用地	规划范围
综合开发用地	发展用地	

6

6.概念规划总图
7.弹性组团发展规划图
8.生态绿化结构分析图
9.景观水系结构分析图

型、海岸型城市的关键。

本次规划的三娘湾滨海新区位于钦州市犀牛脚镇南面临海区域，三面环海，旅游资源丰富，环境优美。规划区总面积160km²，距离主城区42km。

二、滨海新城风水格局营建

通过对滨海城市发展的核心生态要素分析，总结生态优势与问题，创新性地选择新的城市风水格局，为下一步开展总体规划提供方向性指导。

1.生态要素及风水机制分析

通过相关案例借鉴，我们认为未来滨海新城要在区域中实现和谐发展、提高城市宜居度、增强城市吸引力，需要紧扣"山、水、城、湾"这四个生态核心要素，这将直接影响着滨海新城风水新格局的营建，因此，结合钦州的具体发展状况分析如下。

（1）山——山体景观连绵不断，山体限制城市发展布局。规划区范围内，拥有乌雷岭至企山岭连绵不断的山体，与海水相依，美不胜收；由于缺乏交通设施的引入，地区城市化影响力弱，山体资源尚未进行有效的保护和开发利用。未来需要重点考虑城市发展与山体景观的和谐共生。

（2）水——内河水系星罗密布，滨水景观尚未充分开发。核心区南部有西坑江，北部有北环江，还有多条小型河流穿行而过。西坑江与城相依，北环江绕山而行，两江交汇于鹿耳环江，赋予了滨海新区得天独厚的自然景观优势。未来需要重点考虑如何引水入城，塑造良好的城市滨水空间。

（3）城——城镇发展建设滞后，土地开发空间巨大。滨海地区现状建设主要集中在钦州港工业区，少量城镇建设和旅游开发集中在犀牛角地区，其中滨海地区盐田滩涂用地面积巨大，尚未进行大规模的开发利用，这给钦州市的经济腾飞留下了宝贵的空间资源。目前三娘湾滨海新区主要依托犀牛镇，为工业区和三娘湾旅游区提供基础设施，但交通设施薄弱，已成为城市发展的重要制约因素。未来需重点考虑交通设施布局，为城市发展拉开框架。

（4）湾——内外海湾数量众多，沿岸环境整治意义重大。钦州三娘湾岸线特点表现为：湾湾相套，海湾套河（江）湾，形成内外湾连续的滨水特点。湾内岸线曲折，岛屿棋布，港汊众多，湾内有数百公顷红树林，鸟类野鸭成群，其中不乏良好的景区。然而，鹿耳环江入海口淤泥沉积，水退泥露，极大影响了景观观赏效果，阻碍片区旅游发展。规划需要通过工程手段，修复生态环境，提升海湾的生态价值。

根据上述分析，设计师认为在借鉴相关临港新城建设的经验基础上，吸收传统城市"港城一体、以港兴城"的特点基础上，结合目前钦州滨海新城发展的需要，必须寻求城市发展格局的新突破。结合城市发展背景和用地条件、资源的现状，落实"大港口、大工业、大旅游"的钦州城市发展目标，必须引入和强化"滨海生态旅游发展"的这一重要要素，在强调滨海生态、旅游环境的整合基础上，构筑"山—城、水—城、湾—城"三相互动的发展道路，形成"山、水、城、湾"四位一体的城市发展新格局。

2. 城市风水新格局——山、水、城、湾，四位一体

山——环境载体：规划尽量保留现存的自然山体及其连续性，预留足够的生态绿地作为缓冲区，城市建设区依山势而设，局部形成山体嵌入城区的格局，各功能用地以组团形式分布于绿色的生态风水格局中，组团之间留出通风廊道。

水——活力蓝环：结合现有的水系通道，通过少量工程手段将北环江与西坑口江沟通，形成一个完整的绕城水系，给新城系上一条蓝色项链。将幽静的水面引入城市当中，形成动中取静的城市步行空间，营造"城在景中，景入城来"的独特城市格局。

城——人居空间：打造依山傍海、与自然和谐共生的滨海城市，使城市与大海对话，与山体轮廓相呼应，展现具有独特魅力的滨海城市形象；完善公共配套设施，建设具有国际水准的滨海新城核心区。

湾——生态旅游：结合滨海新城三娘湾地区的海湾、河湾等景观资源，通过筑坝蓄水解决退潮景观不良影响，为新城区提供一个良好开阔的滨海城市界面，同时以海湾为中心构建滨海旅游度假胜地。

通过山—水—城—湾，四位一体的城市风水新格局打造区域旅游形象，结合城市功能布置，临港产业布局架构，将港口工业景观与滨海都市景观有机的结合在环海湾旅游发展之中，有序推动城市跨越性发展和滨海新城区人居空间建设，强调人居和旅游生态协调发展，实现"以港兴城、山水城湾一体"，突出生态保护与环境高效的北部湾发展核心区。

根据城市新风水格局研究，建立规划要点如下：

（1）建立具有活力的空间结构和滨海城市形态；

（2）维护滨海生态环境，因地制宜的对海岸有序开发；

（3）与滨海资源相结合，突出山水旅游发展与建设；

（4）独特的城市形象需要整体的生态设计。

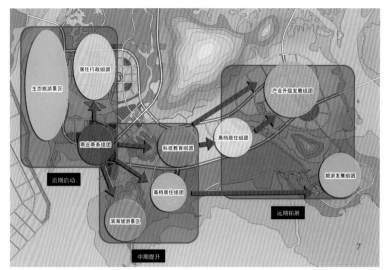

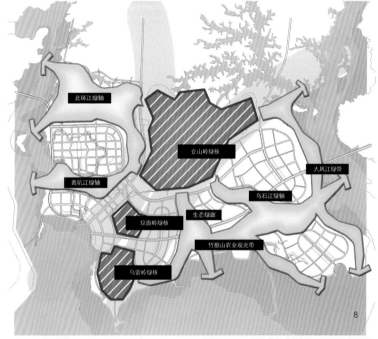

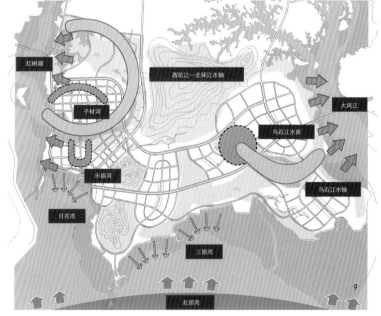

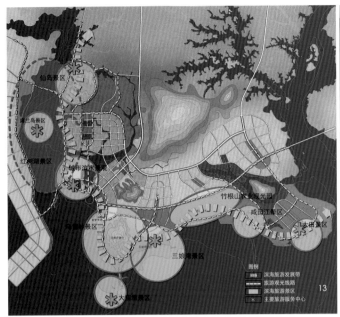

10.滨海海湾鸟瞰图
11.拦海堤坝——冯公堤设计
12.海豚展览馆及滨海设计
13.生态旅游分区规划图
14.景点及游线规划图

三、风水格局的空间演绎——北部湾水钻城之构想

按照上文构建的滨海新城独特风水格局，结合钦州基地现状特点，规划提出打造北部湾门户——"水钻城"的规划构思，从"概念性总体规划、旅游发展构想、核心区城市设计"三个层面进行新风水格局的空间演绎。

1. 风水格局营建——概念性总体规划

基于对钦州的宏观背景、发展条件、机遇与挑战的综合分析，得出钦州滨海新城的总体发展目标定位应当结合城市风水格局营建的需要，打造"承托城市未来梦想的滨海新城，支撑城市经济腾飞的产业基地，引领旅游休闲消费的旅游名城"。为此，本次概念规划从产业、空间、生态、建设时序等多方面，提出了五项核心的生态规划发展策略。

（1）生态和谐——构建城市山水"蓝绿"双核生态中心地

构建城市"生态中心地"（CED）与生态网络体系，规划以北部山体——企山岭森林公园为"绿核"，以景观核心——红树湖为水"蓝核"，构建新区"绿蓝"双核心生态中心地（CED）。以城市"绿蓝"双核生态中心地为核心，以绿地与水系构建贯穿城区的蓝绿色联接通道来对新区进行生态服务。

（2）弹性发展——山体与城市空间有机契合

核心启动组团代表着钦州未来的滨海生活和城市形象，能有效提升城市整体实力，因此规划区西部的核心组团采用集聚发展模式，以集中塑造滨海城市品牌。规划将核心组团设置于月亮湾北侧，面向北部湾，利于辐射西部的港口工业园区，而旅游发展组团、科技研发组团及远期提升组团则合理的带状布局在整体用地的东侧。这些功能组团与周边山体绿化有机契合，形成"山中有城，城中有山"的山城相依格局。通过楔形绿廊将城市有机分割，避免圈层封闭式发展，有效控制土地发展时序的有机增长。

（3）引水串城——塑造城市宜人滨水生态空间

疏浚沟通北环江、大风江，形成完整绕城水系，结合水系，在西坑口江南北的行政中心区和商业中心区内，开辟子材河、永福河两条水环穿插在城市建设用地中，引幽入境，形成宜人的水面和动中取静的城市步行空间。

（4）围湾成景——筑坝成湖打造北部湾水钻城

筑坝成湖，围湾成景，是本规划的核心策略。三娘湾由于淤泥沉积，水退泥露，极大降低海岸景观观赏价值，成为旅游品牌提升的一大门槛。规划提出，通过筑坝成湖，将20km²的辽阔水面变为水清浪低的内湖式海湾，配合相关工程措施，进行沙滩生态复建，彻底改变水退泥露问题；也使多样的热带滨海风情环湖联为一体，树木葱郁，白沙如银。

（5）港城互动——城市发展的双引擎驱动模式

港口带动是钦州滨海新区发展的原生动力，城市发展为港口提供配套服务与产业提升的平台，二者相互促进，港口关联产业与都市产业作为城市发展的两个引擎，共同推动城市发展。通过"导入"与"内生"双极互生的产业引导策略，城区内生滨海旅游、滨海地产，临港工业园区导入相应产业，形成产业双极互生模式，在追求滨海新区发展速度的同时，保护它最珍贵的山海景观资源，形成独具特色的产业结构。

15

15.模型照片

2. 生态景观布局——旅游发展构想

（1）旅游整体构思——璀璨珍珠链

依托围湾而成、是西湖面积4倍的红树湖，打造北部湾最美的湖海相接的水域旅游，树立钦州旅游崭新品牌；通过对现状旅游资源的梳理，规划紧密围绕独特的资源条件，做足水的文章，由外海至内陆形成"海湾湖岛河山"六景联动，六个层次的异质性景观序列；形成由"红树林滩涂—三娘湾海滨浴场、准七星级酒店的海景—美丽的月亮湾渔港—红树湖滨水景观—仙岛胜景—两江源孕育的滨海新区—企山岭森林公园"，这一系列的滨海景点（区）共同构成北部湾蔚蓝海滨的"璀璨珍珠链"旅游景观意象。

（2）旅游空间结构

在旅游空间结构上形成"一环一带"的规划结构。

一环——环红树湖旅游带：环湖旅游带巧妙结合港口工业景观与滨海都市景观于一体。东段以仙岛度假村、游艇俱乐部、水上运动为亮点，南段至冯公堤营造水色环绕的特有景观，西段以港区工业景观为特色，北段则为红树林滩涂生态景区，突出娱乐休闲与都市游特点。

一带——滨海旅游带：通过滨海资源的整合营造沿海旅游黄金岸线。旅游带西起迷人的月亮湾、过乌雷岭、至大庙的高星级酒店、三娘湾海滨沙滩、物种丰富的滨海湿地，规划将不同滨海景区联成整体、有序开发。

通过这些特色旅游交通和特色项目策划手段，规划有效地将整体旅游开发组织在一起，为今后旅游项目建设提供了清晰的开发建设定位。

3. 生态空间营造——核心区城市设计

滨海新区核心区位于规划区的西侧，濒临红树湖，规划总用地约18km²。

（1）功能定位

核心区集中规划服务性功能，为港口提供有效的商务支撑，也为旅游景区提供接待性服务，包括商业金融、会展中心、会议中心、文化休闲娱乐、商务办公、酒店服务等设施。注重行政中心的领航作用，充分结合基地水系丰富的特征，构建极具特色滨海都会城市。

（2）设计特点

本次核心区城市设计贯彻"融山水湾城一体"的设计理念，整体城市设计框架以规划结构为基础，以人、自然与建筑、空间有机融合为主旨进行建构，塑造丰富生动，特色鲜明的城市整体空间景观序列。

①自然与城市空间渗透，构建自然生态格局。结合地形、巧妙地利用现状河流水系，保留部分自然山体，最大限度的发挥城市自然特色优势；围绕城市生态核心——企山岭森林公园，规划通过少量工程手段，形成完整的绕城水系，通过多条绿化、水系廊道建立完善的生态网络，以连续的生态网络串联起整个核心区的景观格局，使山水河湾有序地贯穿在城市建设空间中，实现山水城湾共生的自然生态格局。

②内外湾结合，构建多元文化的都市核心景观。结合穿越用地中部的大风江河湾和南面外侧的海湾月亮湾，两个"湾"作为核心区最大的景观特征。沿水环布置文化、健身场地以及休闲步道，通过历史人文景点、河岸亲水平台、自然滨水步道串起连续的滨水景观绿带，构建人间水都。通过海湾周边的建筑界面设计，形成进退有序、错落有致的建筑轮廓线，会展会议中心、商务中心、文化中心等特色建筑临水设置，形成面向海湾、自然与人文交融的都市核心景观。

③构筑城市景观主轴，完善城市景观构架。通过城市景观主轴线、城市山水轴、若干景观次轴线及景观通廊，建立完善的城市景观体系。以南北向城市主轴串联起文化建筑群、西坑景观大桥、商业水街、星级酒店等城市空间与地标建筑，将各种形态各异的节点空间有机组织在一起，共同塑造具有标志性的城市景观风貌。

④地标印记城市形象，引导城市中心向海湾发展。核心区内多元符合的城市功能，创造了系列具有地域特色的地标建筑序列，引导着城市中心向海湾发展。行政办公中心、南海神针电视塔、白海豚主题馆、刘公堤等，这些地标在周边建筑群的簇拥下，以时尚的建筑语言与生态的建筑形式隐喻着钦州滨海新城在北部湾的迅速崛起。

⑤通过独特夜景城市设计，展现城市魅力。城市的夜景灯光设计是城市设计当中的重要一项。钦州滨海新区璀璨的夜景设计中，确定了"一区三带多点"的重点灯光控制区，包括月亮湾RBD灯光核心景观区，中轴核心灯光景观带、沿红树湖灯光景观带、乌雷岭—三娘湾灯光景观带，而行政中心、南海神针电视塔、刘公堤、冯公堤等多处核心地标灯光设计，成为城市夜景精彩的点睛之笔。

四、结语

本文在结合实际规划案例研究的基础上，通过分析地方发展的现状条件，就滨海新城城市风水格局的营建进行了思考与探索，认为"山、水、城、湾"这四个生态要素尤为关键，直接影响着新城风水格局的选择。为此提出了"山—水—城—湾四位一体"的发展新格局，并在其中融入滨海旅游为核心的开发要素，能有效整合现状环境、旅游资源。基于钦州滨海新城概念规划，本文从"概念性总体规划、旅游发展构想、核心区城市设计"三个层面对城市风水格局进行空间实证演绎。

本项目是钦州三娘湾滨海新城国际招标中标方案，项目组成员为雷诚、黄天常、朱猛等，一并致谢。

国家自然科学基金项目（51208327、51478281），住房和城乡建设部软科学基金项目（13-R2-32）资助。

参考文献

[1] 范凌云，雷诚. 滨海新城的发展策略[J]. 城市问题，2008，12：39－44.

[2] 雷诚，范凌云. 国外沿海开发对中国滨海地区发展的启示[J]. 国际城市规划，2010，01：107－111.

[3] 张捷，陈海慈. 论港口与城市发展的若干关系[J]. 理想空间，2007，（21）：12－15.

[4] 郝之颖. 新建海港城市发展探究：大连长兴岛港城规划发展研究为例[J]. 现代城市研究，2007（5）：10－18.

[5] 徐永健，阎小培，许学强. 西方现代港口与城市、区域发展研究述评[J]. 人文地理，2001（4）：28－33.

[6] 宋炳良. 港口城市发展的动态研究[M]. 大连：大连海事大学出版社，2003.

[7] 裴巧. 滨海生态新城可持续性规划设计策略研究[D]. 湖南大学，2009.

作者简介

雷　诚，苏州大学建筑学院副院长，副教授，硕士生导师；

王海滔，苏州大学建筑学院，硕士研究生；

陈　雪，苏州大学建筑学院，硕士研究生。

"红河水乡，福地弥勒"
——特色山水环境营造探讨

"Watery Resigon in Honghe, Happy Place of Mile"
—A Case Study of the Natural Landscape Improving

温晓诣 黄孝文 朱晓玲
Wen Xiaoyi Huang Xiaowen Zhu Xiaoling

[摘　要]　地处旅游大省云南，与昆明仅两小时车程的弥勒，以其丰富的文化旅游要素、快速发展的经济水平及便捷的交通区位条件，跻身于滇中经济圈、滇南中心城市的行列，同时弥勒也不断提升自身文化旅游综合服务实力、寻求特色发展。本文以弥勒市红河水乡项目为例，探索尊重现状山水环境、融入城市文化要素对提升城市品质、解决部分城市问题、推动城市旅游产业持续发展等方面的效用，以侧面反映打造宜人尺度、高品质的山水空间对城市发展、城市能级等方面的效用。

[关键词]　文化；水乡；山水空间；融合；可持续发展

[Abstract]　In Yunnan Province, just two hours' driving away from Kunming—Mile has various cultural resources, rapid development and convenient traffic, which has becoming one of the Key cities of Diannan region. On the other hand, Mile is also improving it sapprehensive strength on cultural tourism and seeking its feature. This paper takes the example of "Watery region in Honghe State", studies the effectof holding natural landscape and integrating into cultural points on how to improve the quality of ourcounty, how to solve the cities' problems and how to push the development of the tourism. In another hand, the paper researches on how the appropriatescale and nice natural landscape do on the cities' improvement.

[Keywords]　Culture; Watery Region; Landscape Space; Integration; Sustainable Development of the City

[文章编号]　2016-70-P-016

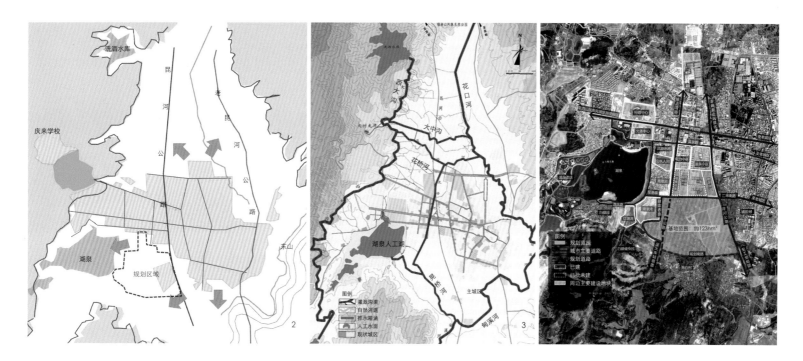

1.鸟瞰图
2.发展方向分析图
3.周边水系图
4.基地周边概况分析图

一、引言

城市化的今天，随着城市的建设，一方面为城市带来了高楼林立、完善的城市配套、便捷的交通条件，另一方面城市建设过程中漠视现状山水条件、填水堆地，为了追求利益最大化，土地开发强度不断创造新高，大同小异的新城相继出现，城市特色逐渐被抹淡。越来越多城市人利用休闲时间"逃离"城市，选择一处静谧生态之地享受大自然带来的轻松与惬意，享受亲情间的感情互动，享受繁忙城市生活之余的文化体验与休闲。

弥勒红河水乡项目在认真研读上位规划（《弥勒城南片区控制性详细规划》）基础上，综合考量周边城市建设现状、降低地块开发强度、保持山水资源特色、构筑片区风道与水系、融入城市文化要素、丰富片区用地性质，在弥勒市打造一处文化与自然互动圣地，提升居民归属感，降低节假日居民出行距离，增加城市吸引力，促进城市可持续发展，为市民及外来游客提供一处集山水环境、文化体验、休闲娱乐、宜居宜业的城市公共空间。

二、红河水乡规划建设意义

（1）弥勒市缺乏一处有效整合新城老城联系、提升城市品质、聚集城市人气的场所。弥勒同其他城市一样沿路发展，老城区的建设依靠老昆河公路延展而来，随着城市建设、人口的增长，城市面临发展新问题——用地不足。城市三面环山，西侧用地相对有余，随着湖泉生态园的建设，新城区开发继而展开，但新城和老城间的互动明显不足，带来昆河公路的隔离，新城空间尺度较大等问题。而且新城老城的联系不能仅凭几条城市道路就能解决，城市环境品质的提升也有待挖掘，新城区人气的集聚也需要一个新的吸引动力。

（2）湖泉片区城市开发缺乏控制，亟需通过开发打破僵局，平衡区域建设，解决片区城市问题。环湖泉生态园城市建设基本完成，现阶段周边建筑高度无有效控制，湖泉生态园片区周边城市界面封闭，无法与周边片区及老城区形成有效联系，湖泉资源与老城隔离，现阶段需要一处过渡地块打破新老城区联动不足的僵局，将老城区人气引入新城，为新城发展带来动力及活力。

（3）城市风道水网多沿城区外围布置，缺少导入城市内部的有效风道。城市内绿地水系与城区外围绿道水网缺乏有效沟通，城市风道水网现阶段缺少有效整合，现状及规划绿道多沿外围主要山体、水系构建，未与城市内部绿地系统形成呼应，城市缺乏呼吸窗口与通道。

三、开发契机

1. 优越的区位条件

基地区位条件特殊，其地位于新城老城交汇处，城市建设区与拖白山片区交汇处。北邻温泉路，南接拖白山，西靠城中村与湖泉生态园相望，东抵昆河公路，规划范围约1.24km²。

基地内交通概况：东侧为昆河公路，北侧为二环南路，南侧为规划南路，西侧为中山路。内部有部分沿水塘或田地的泥泞小路，未形成路网，通达性差。

2. 丰富的山水文化资源

弥勒市域自然条件优越，山水资源丰富，且资源相对集聚。

市内北有锦屏山，东邻东山，西抵西山、陀峨山，内含拖白山。其中锦屏山风景区是滇东南最为著名的佛教圣地，位于城区南部的拖白山，北依湖泉生态园，与市政府隔湖相望，最高处可观城区全貌，目前部分山体已被开发成红河春天高尔夫球场及休闲别墅。

弥勒市内水资源丰富，有湖泉、甸溪河、晃桥河、花口河、西大沟、大中沟与花桥河、雨补水库、太平水库、租舍水库、洗洒水库等众多水系，且多为

老城功能疏解

湖泉

弥勒老城

湖泉水系延续

5

6

5.理水筑城
6.天机轮廓线分析
7.旅游资源整合
8.水系联系
9.城市风道水网的构建

流动活水，自然与人工水体相互结合，共同构成市内水网体系。

片区内地势平坦，北高南低，河流自然向南流向晃桥河汇集到甸溪河中，河流沟塘等水体丰富，植被生长良好，多为树林及农田。

3. 城市问题亟需解决

（1）新城老城联系不足

昆河公路将新城老城分隔，东西两侧城市风貌存在差异，新城基础配套品质较高，但老城基础配套陈旧。新城老城板块分界明显，除东西向城市交通联系新老城区，无其他功能性联系。

（2）片区周边建筑高层林立，湖泉景观渗透性差，湖泉生态园片区与周边联系不足

湖泉生态园周边城市界面相对封闭，湖泉湾100m高层居住林立，湖泉半岛等周边居住区建筑层高较高，湖泉景观不能够很好渗透，为城市所用，景观均享性差，城市缺乏透气的绿廊空间。

（3）新城人气不足

齐全的城市配套、高品质的生活环境并未给新城带来充足的人气，缺乏综合性的休闲娱乐城市空间，缺少宜人尺度的公共交流场地等原因导致新城人气不足。

（4）山水资源有待深度挖掘

弥勒自身山水资源丰富，但在城市空间打造中未能充分体现这一城市特色，片区及周边水资源丰富，上位规划用地功能布局中未能突出这一城市特色。

四、红河水乡——开发中的云南省重点项目

1. 规划定位

悠然舒适的山水佳园、乐活休闲的度假胜地、和谐幸福的弥勒福地、开放包容的文化乐土。

2. 发展战略

发展战略为大弥勒、大文化、大景观、大旅游。

大弥勒——整合城市功能区，构筑城市主体架构，整合集聚要素，增强中心城区的辐射能力；

大文化——以城市核心价值文化为主导，融合多样文化，形成具有强大凝聚力和创造力的城市精神。

大景观——梳理弥勒山水空间特征，整合山水景观资源，创造性地构建弥勒的"CRD——城市中央生态游憩区"。

大旅游——整合旅游资源，集聚旅游服务设施，丰富游览线路，做大、做强弥勒旅游，带动旅游相关产业集群发展，形成弥勒大旅游格局。

3. 发展目标

发展目标为山水弥勒、活力弥勒、多彩弥勒、文化弥勒。

山水弥勒——营造山、水、绿、城相融，人与自然和谐共生的生态城市；

活力弥勒——增强城市公共生活的活力，进行城市风貌引导；

多彩弥勒——紧扣弥勒佛幸福、大度的特性，营造和谐栖居的福地乐土；

文化弥勒——挖掘璀璨的民族文化和深厚的历史底蕴，打造地域特色突出的历史文化特色城市。

4. 城市风貌定位

城市风貌定位为"佛映山水乡，悠然弥勒城"。

5. 融入山水空间战略，构筑城市风道、水网

综合分析规划片区周边概况，融入山水空间战略突出城市山水环境特色，打造城市特色风道水网，

将外围山水资源引入片区内部，构筑微气候，提升区域舒适度。通过构筑区域休闲文化旅游圈，整合片区自然旅游资源；融入弥勒佛文化，创造文化品牌城市空间载体；重点突出城市水空间打造，构筑开放型滨水游憩空间典范，塑造高品质的城市公共开放空间，同时丰富区域配套设施。

6. 红河水乡项目角色演绎

（1）弥勒中心城区的服务核心

充分利用城区地理中心区位，大力发展现代商贸、文化产业和旅游服务产业，建设一座宜乐、宜居、宜业之城，形成城市公共服务核心。

（2）激活城市南部片区发展的引擎

规划片区即红河水乡是主城区南扩的触媒点，以"中央活动区"模式创造带动城市南部功能片区的引擎。

（3）进入中心城区的门户空间

整合地区文化及历史资源，重点打造中山路、昆河公路沿线城市风貌展示界面（规划片区东西两条道路），形成城市文化风貌与自然肌理的融合景观，塑造城市门户空间形象。

（4）衔接湖泉片区与老城区城市生活的铰链

红河水乡处于承东启西的战略角色，向东辐射文化商贸的服务功能，拓展多元化旅游服务功能，向西疏解老城生活的居住环境压力。

（5）新型都市旅游度假品牌区域

利用弥勒特色山水环境和彝族文化、弥勒佛文化等资源优势，打造都市型旅游休闲目的地，体现主动性、多元化旅游产品特色。

从职住平衡、功能复合、配套完善、绿色交通、布局融合五要素构筑城南片区"绿色低碳、集约高效、互动发展"的产城一体格局。规划布置五大功能片区：北部居住片、水乡核心片、非遗产业片、康体养生片和教育居住片，产城融合，五片区联动发展。

规划设有金融服务、创意文化、滨水酒吧、水上度假村、水上别苑、水上高尔夫、4D体验中心、演艺中心、水幕电影和水剧场、彝族风情园、佛文化展示区、非遗体验、会议中心、禅文化酒店、产权式酒店、红河艺术工坊、水上游船、水上会所、水上森林、游船码头等多类型丰富的旅游服务项目。

五、红河水乡风道水网的营造

1. 措施

（1）联系城市水脉，打造水环境节点，构筑城市水网体系

弥勒市内水系大多为活水，基地内有源源不断来自湖泉的水，向南汇入晁桥河最终接甸溪河。基地北高南低，利用现状水系及地形条件，沟通湖泉、晁桥河及甸溪河的水系，局部节点扩大处理，打造水环境节点，丰富城市水网体系，丰富城市公共滨水空间。

（2）构筑湖、街、岛、湾等水空间，丰富城市水系形态

应用多种水环境处理手法，挖湖汇水、筑岛布街、通河构湾，构筑湖面、水街、岛屿、水湾等多种形式的滨水、水上公共空间，丰富城市水系开发形态，增加城市滨水空间的趣味性。

（3）综合滨水业态，丰富片区功能

滨水布置休闲广场、阳光草坪的同时增加滨水文化、休闲、娱乐设置。布置滨水休闲商业街、文化盒子、滨水休闲场地，丰富滨水活动空间。

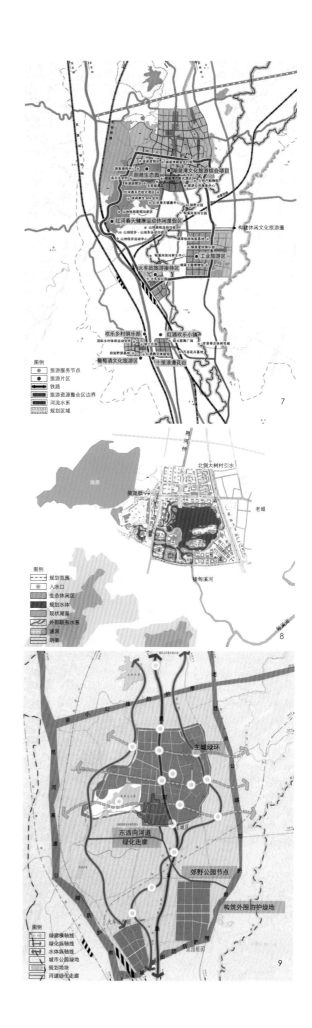

湖泉

瓶泉小区

托白村

10

（4）打造城市绿肺，供给城市更多氧气

加强与湖泉生态园、拖白山及周边城市片区的空间渗透与功能对接，通过营造相对开放的城市空间，打造城市呼吸绿肺，供给城市更多氧气，保证城市区域通风，调节城市区域气候环境。

（5）沟通湖泉、老城联系，打造新城老城互动枢纽

延续湖泉水，西侧布置低矮建筑。东侧依托昆河公路布置旅游接待、服务中心、游船码头、购物中心等大型公共性建筑，服务外来游客及本地居民的休闲娱乐需求，打造新城老城互动枢纽。避免昆河公路对两侧新城老城的隔离，布置立体交通分离车行交通和

人行交通的互相干扰。

（6）融入海绵城市、低碳城市等先进规划理念，调节片区景观气候，保证城市可持续发展

利用生态山水环境对城市气候调节作用，引进"海绵城市"、"低碳城市"等先进规划理念：最大程度尊重现状生态条件，做到填挖平衡，挖湖填岛；红河水乡湖面作为景观湖同时也可以调节旱期晃桥河等水流不足等，避免城市水系断流。

（7）疏通片区风道，构造区域呼吸窗口

沟通西侧湖泉景观风道，通过联动水系、预留绿道等开敞空间，促进渗透来自湖泉的景色；沿城市主要街道布置沿街绿地，提升城市风貌，构筑城市风

道，促进城市通风条件；南北融合拖白山与居住区城市肌理，协调布置自由的生态岛屿与城市特色商业街区，增加与南侧拖白山景观渗透融合。

2. 山水环境塑造对"城市风水"提升的效力分析

（1）预留区域风道、构筑区域水网体系，促进片区循环

西侧对接湖泉生态园，围绕水系打造片区开敞空间，留出西侧联系通道；南侧对接拖白山片区，与晃桥和联系，滨水打造区域绿廊，渗透引入拖白山自然景色，促进自然风进入城区。

11

10.红河水乡总平面
11.鸟瞰图

（2）丰富新城滨水空间休闲体验方式，满足现代休闲旅游需求

增加了水上剧院、生态湿地、高端度假酒店、水上度假村、游船码头、喷泉广场、湖滨公园、湖滨咖啡吧等公共交流空间，满足现代休闲旅游的吃、住、行、购、游、文、休、展、养、康、研等需求，丰富新城滨水空间休闲体验方式。做到既含开阔水面的公共休闲场地、小桥流水般静谧生态度假岛、曲径通幽的水上湿地主题岛、特色鲜明的水乡特色主题商业街区，又提升片区公共休闲空间的趣味性。

（3）促进片区互动，融入周边片区，协调发展

红河水乡的打造，为湖泉片区提供开阔的城市

透气空间，沟通自然水系联系，尽量增加湖泉生态园景观渗透。南侧结合水体留出开敞空间及绿廊，将拖白山景色很好引入片区内部。北侧商业街对接北部居住片区，为城市提供便捷的商贸服务。东侧旅游服务及综合商业休闲中心，将老城区人流引入新城片区，完善老城区休闲空间不足。

（4）增加新城人气、提升城市影响力

自红河水乡项目开展来，施工过程中参观的人流便超出预想，此项目上升为省重点项目，湖泉生态园与红河水乡获批准为国家AAAA级景区，进一步提升了城市品牌影响力。2015年春节红河水乡的水舞秀为新城带来了老城、外来的参观、交流的人群，为

新城增加人气和影响力。

六、结语

现阶段，转型是各大城市发展的必要举措，旅游城市的经济转型也是现代消费对旅游的新要求：文化的注入，多元化的体验和亲近自然的直观享受是发展大旅游的必然趋势，山水环境的铸造，打通城市风道、梳理城市特有水脉是保持城市自然特色的必经之路，也是促进城市可持续发展的必要选择。因此，充分发掘城市资源优势，发展特色旅游，丰富城市旅游配套，提升城市旅游服务能级，

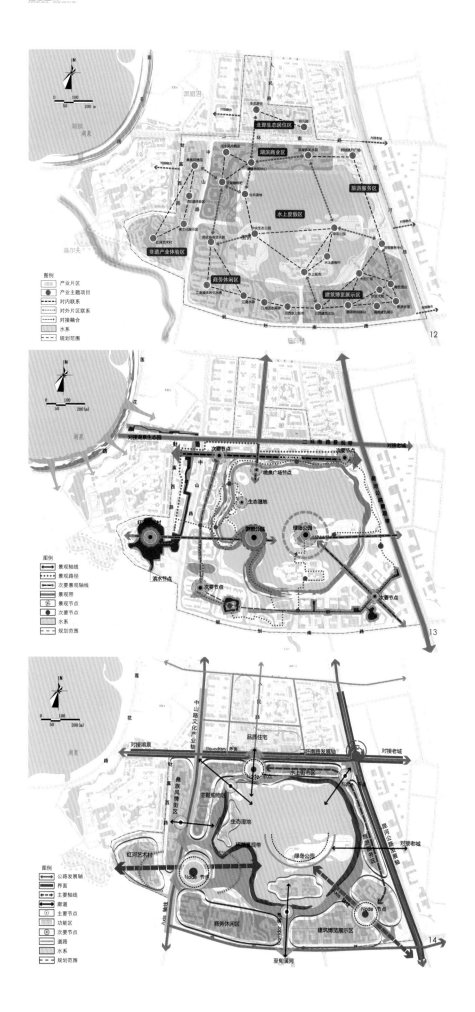

进而促进城市经济增长。

弥勒市，作为年轻的旅游城市，应抓住时代发展机遇，充分利用自身山水资源，以"红河水乡"为核心主题，打造高品质、丰富体验类型的公共滨水休闲空间。融入弥勒市佛教文化、民族文化、商贸文化、名人文化等，提升旅游服务内涵及品质，树立弥勒市旅游品牌、推进弥勒城市发展、提升弥勒城市能级及影响力。

经过后续关注，红河水乡项目的进行也为弥勒新城区带来新的发展动力，同时也为新城增加了无形的宣传，集聚人气。

本文通过对红河水乡水环境的塑造，探讨现状水系的保留与利用、山水环境的融合与共生、城市建设与自然的和谐共荣对城市可持续发展的重要作用。以多样化塑造公共空间、有效利用滨水空间、丰富商业业态等措施，打通城市水脉风脉，构筑城市风道水网，提升城市环境品质，促进城市可持续健康发展。

参考文献

[1] 徐文雄. 旅游发展与产业融合 "四化" [J]. 旅游学刊，2001（104）.

[2] 王涛. 延展城市风华，衍伸滨水文化 2012.

[3] 王爱珍. 中国旅游业与世界21实际旅游业发展态势[A]. //透过互联经济体系创造财富：第12届世界生产力大会背景阶段会议文集[J]. 2001年.

[4] 李庆雷，明庆忠. 云南省旅游小镇建设初步研究. 资源开发与市场，2007.

作者简介

温晓谐，上海同济城市规划设计研究院；

黄孝文，上海同济城市规划设计研究院；

朱晓玲，理想空间（上海）创意设计有限公司。

12.产城融合
13.景观分析图
14.规划结构分析图

武汉城市山水：构建蓝绿交织的生态网络
Building Green-blue Ecological Networks to Form Mountains and Waters for Wuhan

黄 玮
Huang Wei

[摘　要]　我们追求理想的生活环境，是人与自然的和谐共生。这种"天人合一"的有机自然观广泛影响了中国古代城市的选址和规划，其对地形、水域、气候等自然因素的考虑和巧妙利用对现代城市规划仍具有应用价值。本文以具有滨江滨湖特色的武汉市为例，从历史的视角，分析古代武汉城市选址和布局的风水特征，以及现代武汉城市生态系统的特点及面临的突出问题，规划利用武汉市的山水资源优势，构建蓝绿交织的生态网络，营造城市优美环境。

[关键词]　蓝网；绿网；生态网络；武汉

[Abstract]　We pursue the ideal living environment, is the harmonious coexistence of human and nature. This "The Unity with Nature and Human" ideology is the foundation of ancient Chinese cities city site selection and planning. The clever use of terrain, water, climate and other natural factors in Feng Shui's theory is still valuable for modern city planning. This paper take a case study of Wuhan, the riverside & lakeside city in central China, and compare the environment features of historical city sites and its layout, the characteristics of current urban ecosystem and its challenges, proposes forming a blue-green ecological networks to create good environment for Wuhan city with taking advantage of water and hills natural resources.

[Keywords]　Blue Network; Green Network; Ecological Network; Wuhan

[文章编号]　2016-70-P-023

现代城市规划需要考虑整个区域的自然地理条件与生态系统，协调各种综合自然地理要素，因地制宜，顺"势"而为，才能使整个环境内的"气"顺畅通达，充满生机活力，从而造就理想的生活环境。吴良镛先生指出："中国城市把山水作为城市构图要素，山水与城市浑然一体，蔚为特色，形成这些特点的背景是中国传统的'天人合一'的哲学观，并与重视山水构图和城市选址等风水说等理论有关。"

在城市污染日益严重、自然环境日趋恶化的今天，如何建立人与自然和谐的城市环境，已经成为建筑、景观、规划、地理等众多学科研究的重大课题。在不断探索新方法的同时，不妨回归历史，分析利用"天人合一"的有机自然观，学习借鉴古人对地形、水域、气候等自然因素的考虑和巧妙利用。

一、古代三镇格局及特征

春秋时期，管子提出："凡立国都，非于大山之下，必于广川之上。高勿近旱而用水足；下勿近水，而沟防省，因天才，就地利。"其核心思想是要处理好城市与山水自然环境的关系。武汉筑城历史起源于3 500年前的盘龙城，这座长江流域出现的第一座商代早期古城揭开了武汉因水而兴的历史；汉阳城、武昌城作为守卫长江、汉水要冲的军事城堡，基本是按照中国古代"营国"思想进行规划布局，因势筑城，因武而昌；明代中叶，由于汉水改道，使原来的汉阳地区一分为二，汉口因商而立，三镇鼎立格局始成。回顾古代武汉城市发展历程，可以发现无论是城址选择还是城市规划布局，主要受山、水和地形等自然因素影响，尤其是以水为生气之源，以得水之地为上。

1. 盘龙古城：三面环水，扼守南土

江汉平原古时为云梦泽的一部分，湖泊密布，地势开阔，土肥水丰，是远古人类生息繁衍的理想场所，以江汉平原为主的长江中游一带很早就有中原势力活动的印迹。在武汉北郊黄陂区境内发现的盘龙城是公元前15世纪左右商代前期古城遗址，包括古城垣和城外一般居民区和手工业区及墓葬遗址点，面积约11 000m²，宫城约7 500m²，是商文化南下长江中游的标志，其城垣遗址显示出完备的城邑形态和功能，其宫殿建筑布局形式是我国古代"前朝后寝"布局模式的原型，其辉煌的青铜文化和城邑文明是长江流域早期城市文明的代表。

从古代的地理位置上看，盘龙城所在地正好扼据于长江与府河的交汇处的山丘上，北、东临盘龙湖，南傍府河（古称滇水），三面环水，仅有西北部和陆地相连，成为汉口一带地势的制高点，虎视大江南北，控锁江汉东西，地理位置十分重要。据考证，盘龙城初为商王朝南征"南土"的据点和控制今鄂东、赣北青铜战略资源的中转站，后来逐渐发展成为商王朝南方方国的都邑，以长江、汉水为主要航线，连接江汉湖泊，扼守中原与江汉南北交通的咽喉，是商王朝在长江流域的军事、政治中心。

2. 武昌汉阳：双城对峙，龟蛇锁江

东汉末期，群雄并起，江汉成为魏、蜀、吴三国争逐之地。因武汉城区内龟山（古称鲁山、大别山）和蛇山（古称江夏山、黄鹄山）高高突起于江边，隔江对峙，扼守汉水入江之口，形势险要，自古为兵家必争之地。建城时间最早的是东汉末年的却月城，之后荆州牧刘琦在今龟山之上筑鲁山城。汉阳城始建于唐朝武德四年（公元621年），又称沔州城，自明代以来一直是汉阳府和汉阳县的驻地，东临长江，其地理位置取"东南临大江，南望鹦鹉洲，北枕凤栖山"之势，城内以显正街为东西轴线，分隔南城、北城。与鲁山城隔江而峙的是孙权在蛇山头的夏口城，后称郢州城、鄂州城，唐宝历元年（公元825年）改修武昌城。明代武昌城规模大大扩展，城墙

周长达20km，墙体为陶砖结构，开辟9座城门，城墙外开掘有宽深的护城河，长江是武昌城西面天然的护城河。城内中心是明太祖的第六子朱桢的楚王府，而设在武昌的省、府、县各级衙署，均环绕楚王府安排。

汉阳、武昌城自三国以来，据险扼要，驻军防守，形成"一江分两郡"，双城对峙的格局。由于水网密集、水陆交通便利，贸易繁荣，汉阳、武昌城至唐宋时期不仅是长江中游的军事重镇、区域行政中心，而且是商货、漕粮转运的枢纽港口城市，被誉为"江渚鳞差十万家，淮楚荆湖一都会"。明朝武昌、汉阳两城更成为拱卫京师（建康）的战略重镇。

3. 汉口兴起：三镇鼎立，江汉朝宗

汉水与长江在武汉的交汇，形成了"江汉朝宗"的水文和地理格局。至明朝，由于长江、汉水泥沙的堆积，云梦泽巨大的水体早已不存在，作为其遗迹的星罗棋布的湖群也逐一被填充为陆地。明成化年间（1465—1470年），汉水结束了下游河道游移不定的历史，在龟山北麓形成新入江口。新水口形成后，两岸地盘开阔，港湾水域条件良好，再辅以坚固堤防，北岸汉口即是"占水道之便，擅舟楫之利"的天然良港。明末清初，汉口以后来居上之势，超过汉阳、武昌，成为全国四大名镇之首，"楚中第一繁盛处"。

与汉阳城、武昌城不同，汉口只是随着商品经济的繁荣，因商而兴的城市，没有严密的总体规划，只是一种自然型的发展。西方学者罗·威廉曾说："汉口远不是经过规划的整整齐齐的方格子行政城市，它的自然分布实际上显得不整齐，不规则。"汉口镇呈沿河自然形成和发展的商贸城镇形态，以两条顺河方向的主要道路（汉正街、黄陂街）贯通，内部街巷呈鱼刺状向两侧垂直于河道排列，沿街巷两侧为店面、手工作坊，为前店后坊的商业街格局，沿河为码头。内部自然集聚棉花街、白布街、打扣街、药帮巷等专业街坊和特色街区，在汉水北岸形成"二十里长街八码头"的汉口码头繁华景象。

二、武汉生态特点及问题分析

武汉市域面积8 494km²，虽然常住人口已超过1 000万人，但是大江大湖的生态格局、滨江滨湖的城市特色一直未曾改变。自然山水是武汉最核心的生态本底要素和景观资源，河湖水系密布，山体连绵，具有山水交融的独特空间形态，但是也受到快速城镇化和房地产开发热潮的冲击，城市自然生态格局面临着种种严峻挑战。

1. 武汉城市生态特点

（1）北山南泽的生态格局

武汉区域环境山环水抱，沿江滨湖土壤肥沃，总体呈现"北山南泽、西野东岗"的区域生态格局。整体地势是由南北两面向心凹陷的盆地，三面被海拔千米以上的山脉所环绕，一面毗邻广袤富饶的江汉平原腹地。其中北面为桐柏山，东北为大别山；西面为荆山和大洪山；南面为幕阜山和九岭山。大别山脉与幕阜山脉的生态涵养价值高，对武汉城市圈的生态安全起到决定性的作用。市域内山体呈东西走向分布，南北平行两列，连同零星的山丘构成市区地形的骨架，湖泊点缀其间，形成"江、湖、山、田"相融的自然生态格局。

（2）众水归一的向心水系

长江、汉水、金水河、通顺河、府河、举水、倒水、滠水等40多条江河在武汉市纵横交错，构成了向心状的武汉段长江水系。千百年来，为了抵御洪水的肆虐，使江汉水系适应生产、生活的需要，本地居民修建了堤防，利用渠道、涵闸进行人为控制，形成了以河流、湖泊、水库、港渠、鱼池及塘堰等多种水体组成的水系网络，现有水面总面积占全市国土面积约25%。其中湖泊水面面积在各类水面中所占比例最大，达到37%；河流、湖泊、水库及港渠水面面积之和占总水面面积的66%，淡水资源人均占有量位居全国大城市首位。

（3）星罗棋布的天然湖泊

素有"百湖之市"美誉的武汉市湖泊众多，分布密集，境内原有大小湖泊1 400多个，但近代以来，尤其是建国后，不断填湖造地、建房，湖泊大量消失，水域面积从1950年到2010年减少了近一半。据最新调查数据，全市目前共有湖泊166个，总面积867km²，占全市国土面积10.2%，总承雨面积约占全市总面积的70%，居全国各大城市的首位。全国最大的城中湖东湖，知音传说发源地的月湖、辛亥革命发生地的紫阳湖……如珍珠般点缀在城区中心；烟波浩渺的梁子湖、岸线蜿蜒的后官湖、鹭鸟齐飞的涨渡湖等湖泊集群环绕城市周边。城中有湖、湖中有城，水城交融，造就了武汉的灵性之美。

（4）类型多样的生态资源

武汉市现有自然保护区14个，按等级划分，国家级2个，省级5个，省级以下7个；按类型划分，山地森林生态自然保护区3个，湿地生态保护区11个；共有森林公园24个，其中国家级3个、省级及县市级21个。此外，武汉市内有4个湿地生态保护区，有6个森林公园，8个风景区。丰富的历史文化积淀再辅以独具特色的自然资源，为城市生态文明建设和生态

旅游、文化产业等发展奠定坚实的资源基础。

2. 面临的严峻挑战

（1）建成区规模快速增加，生态用地总量持续下降

武汉城市发展就是一部与水争地的历史，长期通过河流渠道化和湖塘围填来解决用地矛盾。进入1990年代以后，城市建成区规模急剧膨胀，呈现"摊大饼"式的扩张蔓延，周边自然生态用地被蚕食，污水排放和泥沙淤积使湖泊不断沼泽化、田野、湖泊萎缩和消失，自然生态能力不断下降。随着都市发展区成为新一轮城市增长的主要空间，主城区外围的生态用地总量持续下降，近五年平均每年减少近40km²，有的绿楔被建设用地包围，阻隔了城市风道。

（2）森林资源不足，市区公园绿地少，人均指标偏低

目前武汉市域森林集中分布于北部、东北部山区以及东南部的丘陵垄岗地区，森林覆盖率为27.13%。虽然近几年武汉市绿化建设力度加大，但由于城市公园绿地历史欠账多，与城市总体规划目标相比差距较大，尤其是公园绿地增幅较慢。2014年，全市有公园74个，公园绿地面积7 016.89hm²，人均公园绿地面积、建成区绿化覆盖率分别为11.06平方米/人、39.09%。公园绿地建设空间分布不均衡，集中在主城区；而新城建设用地扩张快，公园绿地配套滞后，两者差距进一步拉大。主城区内公园绿地分布也不均衡，主要集中在长江江滩、汉江沿岸、环东湖等地区，总体覆盖率较低，且人口密度最高的汉口地区绿地率明显偏低，缺乏生态开敞空间和通风廊道。

（3）江湖阻隔，湿地萎缩，生物多样性不断减少

武汉周边多是由江河洪泛、河道变迁所形成的漫滩、泽地、湖泊，这种季节性浸水的沼泽湖泊是维护生物多样性的重要自然湿地生境。而沿江沿河的农田开发和城镇建设导致河岸硬质化、河道束窄、过流能力降低甚至断流，湖泊水系之间的天然联系被割裂，大量的污染物排放与湖泊生态功能的退化同步，导致了水体的自净能力降低，中心城区湖泊水体环境多数在IV类以下，水生态环境不容乐观。虽然武汉市大江大湖的"主动脉"格局保持较好，但是缺少小河小塘小水面的支撑，水网"毛细血管"未形成，存在总体水面积率较高，但局部水面积率过低的问题。尤其在主城区内，水系面积少且不成系统，雨水的调蓄功能不能有效发挥，易发内涝。

（4）山体保护滞后，水土严重流失，显山透绿不足

在湖泊保护广受重视的同时，山体却没有得到

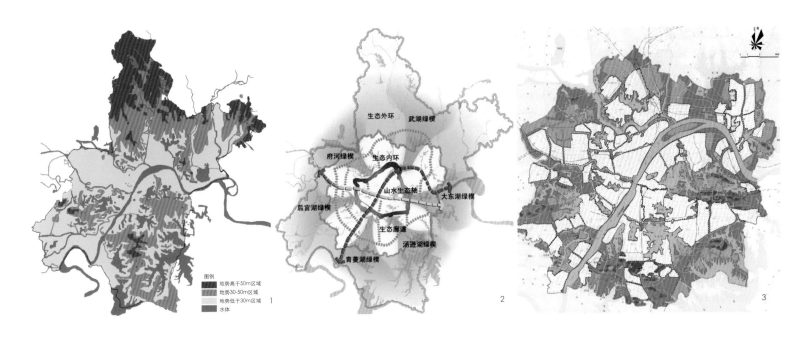

1.武汉市现状水系分布图
2.武汉市域生态框架结构图
3.武汉都市发展区"两线三区"规划图

同样的关注度。随着城市功能的提升和城区建设步伐的加快，自然山体资源的保护问题逐步显现出来，因长期采矿采石、毁林取土导致山体水土严重流失，破损面积已超过1万亩，有些山体正在逐渐消亡；中心城区有的山体被周边建筑包围，无法显山透绿，特别是位于大专院校和部队内的山体建设量较大，对山形也有一定毁坏；再加上山体的所有权、开发权、经营权归属情况较为复杂，行政责任主体不明确，其建设行为难以监管。

三、构建蓝绿交织的生态网络

武汉未来的发展目标是成为一个更具竞争力、更可持续发展的世界城市（武汉2049年远景发展战略），规划依托长江、汉江、府河等主要水系及水系连通河道，通过自然和人工渠道，恢复历史上的江湖、湖湖连通，形成相对独立的四大片蓝色动态水网和一个襟江带湖的环城水系，整体实施水体生态修复；并依托水网及主要城市道路构建绿道系统，和以风景区、湿地自然保护区、森林公园、郊野公园、城市公园、街头绿地等为基础的城市绿地系统，建设"蓝网""绿网"交织的城市生态网络。

1. 划定两线三区，锁定生态底线

武汉城市总体规划提出以水生态为主体，整合

山、水、林、田等生态要素，形成"两轴两环、六楔多廊"的生态框架：长江、汉江及东西山系构成的"十"字形山水生态轴，是集中展现武汉滨江特色和历史文脉的重要轴线；六大生态绿楔是水系山系最为集中、生态最为敏感的地区，也是防止新城组群连绵成片的重要隔离区，承担生态、游憩及城市风道功能；三环线生态隔离带形成主城和新城组群间重要隔离环；外围生态农业区是都市发展区和武汉城市圈间的生态屏障；多廊是构成生态网络化格局的重要生态廊道。

近年来，按照总体规划要求，武汉市加强了城市生态框架体系的建设，编制了全市湖泊"三线一路"保护规划、绿地系统规划、山体保护规划、城市风道规划等一系列专项规划，划定了城市增长边界（UGB）和生态底线"两线"，形成集中建设区、生态发展区、生态底线区"三区"。生态底线区是生态要素集中、生态敏感的城市生态保护和生态维育的核心地区，是城市生态安全最后的底线，遵循最为严格的生态保护要求；生态发展区是自然条件较好的生态重点保护地区或者生态较敏感地区，是在满足项目准入条件的前提下可以有限地进行低密度、低强度建设的区域。以此为基础，武汉市2012年出台《武汉市基本生态控制线管理规定》，以政府令的形式对生态底线区、生态发展区的划线、项目准入、调整程序及分区管控进行规定，提出线内既有项目的

清理整治原则和要求，确保规划实施的可操作性；并将基本生态控制线落实到1:2000地形图上，确定都市发展区范围内基本生态控制线所围合的生态保护范围面积为1 814km²，严格保护山体101km²、水体624km²、其他陆地生态保护面积841km²；控制生态发展区248km²；实际生态用地总量达到都市发展区总面积的60%。

2. 江湖联通，构建蓝色生态网络

江湖连通主要是针对沿江堤防设施改变了湖泊随江水自然涨落的变化过程，限制了湖泊生态系统参与江河生态系统而提出的，其目的不是要进行单一的物质或物种的交换，更重要的是引入优质的生态系统，让人工化的城市水生态系统重新参与自然生态系统的循环过程而得到改善和丰富，从而恢复其自然生态位。在武汉的水系中，长江是降雨的最终汇集地，是流域性水网的核心。因此，以长江及直接与长江相连，较小受城市建设工程而改变的汉江和府河共同构成武汉的水系基本架构，将水网分为相对独立的四大片：黄陂新洲片、汉口东西湖片、汉阳片和武昌江夏片。在武汉市外环线两侧，利用山水资源建设武汉的环城游憩带，通过串接游憩带内的江河湖泊，构建成为武汉的环城水网，并与大面积的生态绿化网一起形成武汉的城市生态环。

单个湖泊水体的有效保护有赖于整体水系的生

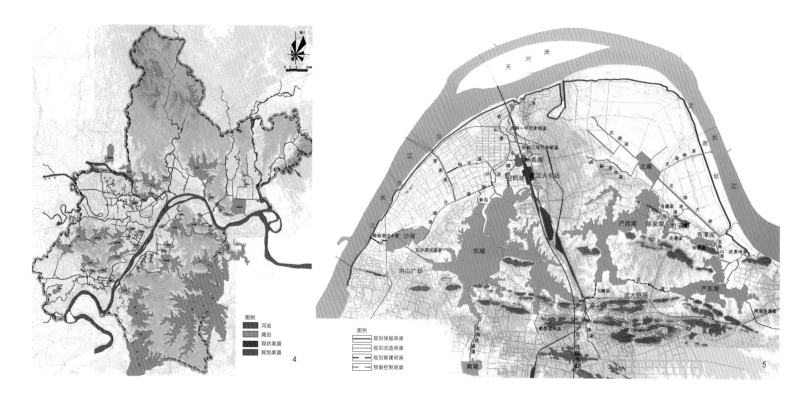

4

5

4.武汉市水系规划图
5.武昌"大东湖"生态水网系统规划图
6.2013年，步行10分钟可达公园覆盖率58%
7.规划目标：步行10分钟可达公园覆盖率92%
8.2013年，主城区骑车15分钟覆盖率58%
9.规划目标：主城区骑车15分钟覆盖率92%

态联动。2005年10月，水利部正式批复武汉成为全国首批水生态系统保护与修复工程试点城市。同年12月，武汉市启动国家"十五"重大科技专项"武汉市汉阳地区水环境质量改善技术与综合示范"项目，规划连通龙阳湖、墨水湖、南太子湖、北太子湖、三角湖、后官湖等6个湖泊，在湖泊全面截污的基础上，通过新建、改建渠道，利用水力调度手段，采用水体生态保护与修复措施，实现湖泊生态良性循环，逐步改善水质。2008年，武汉市又启动了"大东湖"生态水网构建工程，以全国面积最大的城中湖—东湖为中心，通过保留改造29条现状渠道，新建6条连通渠道，连通东湖、沙湖、杨春湖、严西湖、严东湖、北湖等6个主要湖泊（水面面积62.6km²），引江济湖，在武昌北部重建城市最大的生态水网湿地群，恢复阻隔的江湖联系。目前，"六湖连通"和"大东湖"生态水网雏形初步形成。

3. 绿道链接，构建绿色生态网络

武汉作为特大城市，庞大的城市建成区范围单靠自然渗透已经难以满足中心区生态良性循环的需要，绿道不仅是自然生态系统向城市中心生态输入的

通道，也是集生态、文化、休闲、娱乐为一体的绿色生态网络。武汉市规划依托主要水系和道路构建郊野绿道、城市绿道、社区绿道三级网络结构。郊野绿道主要是城市建成区外围郊野公园之间联系的生态廊道，强化孤立生态斑块的空间联系和生态联系，郊野绿道的宽度约为100m，沿道路和水系的绿道两侧各保留50m绿带；城市绿道利用武汉水系丰富的优势，通过沿河绿道网络建设来维持和恢复城市景观生态格局的连续性，城市绿道的宽度为20m，沿河两侧各保留10m的绿道；社区绿道包括社区慢行步道两侧绿地、街头绿地、小型公园等，填补城市绿道的空缺，将绿道系统延伸到社区内部，一般社区绿道宽度为5m。

从现状的城市湖泊可达性来看，武汉已经不是一个可以处处亲水的城市。未来武汉应因地制宜增加小型人工湖泊数量，以湖为核心建设生态公园，使市民可以在15min内骑行到一座美丽的湖泊旁边，感受"百湖之市"的魅力，同时可增加城区雨水调蓄容量，减少渍水危害。此外，通过生态廊道、绿道系统将这些湖泊公园与郊野公园串联成有机的生态公园网络体系，能够更好地发挥生态系统自身调节功能，有

利于物种的延续及维持生态平衡。为了改变现状武汉主城区内水多绿少的生态格局，规划增建城市公园和街头绿地，构建10min畅达的绿色公园系统。通过公园系统建设为居民提供优质、高可达性的绿色空间，尤其是环湖地区能够形成连续开敞的绿地，主城区绝大部分居民步行10min可达公园或娱乐场所，这样的覆盖率能达到90%以上，公共绿地的服务半径为500～600m。

从古至今，无论是传统的"风水宝地"还是现代生态学倡导的"生态城市"，其核心都是追求理想的人居环境，追求人与自然的和谐，追求"天人合一"的至善至美境界。因此，城市的和谐发展、可持续发展越来越受到重视，人们更加注重改善居住环境品质和生活品质。从远古云梦泽走出来的武汉，至今已经历了3 500年的城市文明，如何保护和利用好珍贵的自然资源禀赋和历史文化遗产，建设一个绿色、宜居、包容、高效、活力的城市，值得每一个热爱武汉、建设武汉的人认真思索。

参考文献

[1] 龙彬. 风水与城市营建[M]. 江西科学技术出版社，2005.

[2] 亢亮，亢羽. 风水与城市[M]. 百花文艺出版社，1999.

[3] 湖北省博物馆. 盘龙城：长江中游的青铜文明[M]. 文物出版社，2007.

[4] 皮明庥主编. 武汉通史[M]. 武汉出版社，2006年6月第1版.

[5] 武汉地方志编纂委员会. 武汉市城市建设志[M]. 武汉大学出版社，1996.

[6] 梁相斌. 大武汉到底什么大[M]. 湖北人民出版社，2014.

[7] 汪德华. 古代风水学与城市规划[J]. 城市规划汇刊，1994（1）：19 – 25.

[8] 刘沛林，孙则昕. 风水的有机自然观对新的建筑和城市规划的启示[J]. 城市规划汇刊，1994（5）：54 – 63.

[9] 宋启林. 独具特色的我国古代城市风水格局：城市规划与我国文化传统特色[J]. 华中建筑，1997（2）：23 – 27.

[10] 于云翰. 风水观念与古代城市形态[J]. 学术研究，2007（2）：92 – 97.

[11] 黄玮. 武汉市自然湖泊山体保护历程回顾与思考[J]. 2013中国城市规划年会论文集（09-绿色生态与低碳规划），
2013.

[12] 武汉市国土资源和规划局. 武汉城市总体规划（2010—2020年）[R]. 2010.

[13] 武汉市规划研究院. 武汉市水系规划[R]. 2008.

[14] 武汉市规划研究院. 武汉新区"六湖连通"水系网络综合规划[R]. 2006.

[15] 武汉市规划研究院. 武昌"大东湖"地区生态水网控制规划[R]. 2008.

[16] 武汉市规划研究院. 武汉都市发展区"1+6"空间发展战略实施规划[R]. 2012.

[17] 武汉市规划研究院. 武汉市生态框架保护规划[R]. 2013.

[18] 中国城市规划设计研究院. 武汉2049远景发展战略研究总报告[R]. 2014.

[19] 武汉市人民政府令254号. 武汉市山体保护办法[Z]. 2014-07-17.

[20] 武汉市水务局，武汉市国土资源和规划局，武汉市园林局. 武汉市湖泊"三线一路"保护规划[R]. 2012 – 2015.

[21] 武汉市人民政府. 2014年武汉市国民经济和社会发展统计公报[R]. 2015 – 03 – 12.

[22] 武汉市林业局，武汉市国土资源和规划局. 武汉市山体保护规划编制报告[R]. 2015.

[23] 武汉市人大常委会. 武汉市湖泊保护条例[Z]. 2015 – 04 – 23第3次修订.

[24] 上海同济城市规划设计研究院. 武汉城市总体规划（2010—2020年）实施评估（汇报稿）[R]. 2015.

作者简介

黄　玮，同济大学建筑与城市规划学院博士研究生，武汉市规划编制研究和展示中心正高职高级规划师，注册城市规划师，注册咨询工程师。

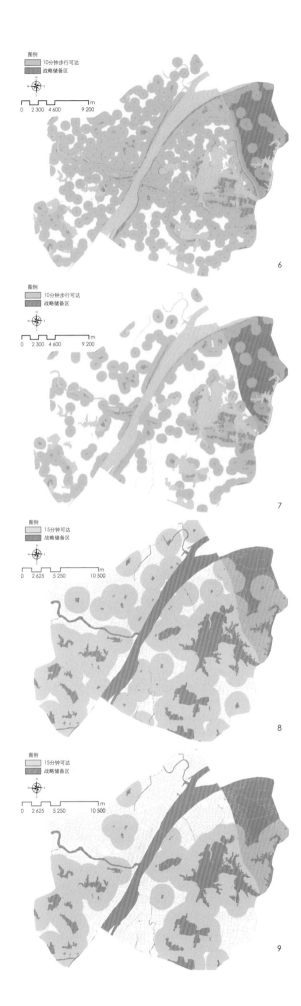

城镇规划与风水环境营造
Urban Planning and Environment Construction

胡 玎 王 越
Hu Ding Wang Yue

[摘　要] 中国古代的规划理论是自然与人文交融的产物，其中融入了三类意向，即物质繁荣、文化吉祥、防患不利的事物。当代城镇规划同样寻求自然和人文的和谐，并融入上述三类意向。本文相应介绍三个当代城镇规划实践案例，即黑龙江富裕县"酒乳纸风城"、江西黎川县"如意水城"、四川泸州市纳溪"云溪麒麟新城"，以解析城镇规划与风水环境营造。

[关键词] 物质繁荣；文化吉祥；城镇规划

[Abstract] The traditional culture and palnning contains not only natrual laws, but also three categories of intention, namely material prosperity, Auspicious culture. Contemporary urban planning can also be combined with the consonance of the nature and culture. Fuyu, Lichuan, Naxiare the typical case of the contemporary cities. To resolve urban planning and environment.

[Keywords] Material Prosperity; Auspicious Culture; Urban Planning

[文章编号] 2015-70-P-028

1.镇远古城平面图
2.盐城瓢形古城
3.镇远文武太极城
4.苍坡村笔路和墨石
5.坡村笔架山和砚池

一、引言

中国古代的规划理论也可以说是帮助人与自然取得和谐关系的一门学问，其中蕴含着很多朴素的自然规律。比如古人以曲水环抱的位置为上，避免"反弓水"。河流转弯处即为弓形水。古人发现弓形外侧的河岸受水流的常年冲击，容易崩塌，因此不宜建房。把房子建在弓形水的内侧，也就是曲水环抱的位置，则很安全。而且弓形水内侧的河岸相对外侧的河岸比较平缓，也便于人们到河边取水生活。这种源于自然规律的风水环境经过长期的传承后，成为一种文化心理需求。在城市中的人工河流和园林小溪，并无冲刷水岸的问题，但往往也以曲水环抱主要建筑，以求吉利。比如天安门居于金水河弓形水的内侧。当代办公楼也都常常被喷泉水池所环抱。可以看出，风水环境逐步积淀成人的心理，是自然与人文交融的产物。

二、古代城镇规划与风水环境

古人在城镇规划和建设中，常常判断自然形胜，融入特色文化内涵，营建出一座座名城、名镇、名村。古人在这些风水环境营造中既蕴含了对于事物及其规律的认知，而且期望实现一些愿望。这些愿望一般可以分为三类，即物质繁荣、文化吉祥、防患不利。

第一类是追求物质繁荣。"文武太极城"贵州镇远是一个典型的案例。古代的镇远是"西马东船"的水陆交通运输节点，商贾云集，经济发达。为了让这个商业重镇永久繁荣，不仅要派军队把守，而且要营建具有吉相的城镇。于是在高山环抱中，镇远城被选址于S形弯曲河道两岸的两片平坝之上，一片平坝构建商贸居住的府城，另一岸的平坝构建军队驻守的卫城。河流和两座城池共同形成了一幅生动的太极图。而且，府城中的衙署，卫城中武将的官邸还分别形成了两个鱼眼。这幅天地之间气韵生动的文武太极图一直保障着镇远的繁华。

第二类是文化吉祥。"文房四宝村"浙江永嘉苍坡村是一个典型的案例。古代"学而优则仕"，古人刻苦攻读以求出人头地。苍坡村地处山区，是中国目前比较罕见的宋代耕读社会遗址，相传南宋国师李时日主导了该村的建设。建成后的村落拥有"笔、墨、纸、砚"四个元素。村边的山岭呈现笔架形，村中有一条直直的"笔路"指向笔架山。笔路旁横卧数块条形巨石，石头的一端还被削成斜面，取意为研磨已久的"墨石"。整个村子四四方方，如同一张纸，人工建筑和自然树木就是纸上的书法和绘画。在村口设置两座大池塘，除了有洗涤、排水、消防等实用功

能，在文化上作为"砚池"。"笔、墨、纸、砚"这四个元素就这样一起融入村子的空间中，让苍坡村始终文星高照。

第三类是防患不吉利事物的风水意向。比如"瓢城"江苏盐城古城是一个典型的案例。盐城地处黄海之滨，在唐之前还只是"海中之洲"，唐初泥沙淤海，洲才与大陆相连。古老的盐阜大地，沿海滩涂广阔、地势平坦，因此时不时会受到内陆洪水和黄海大潮的双重水患威胁。古人为防水患，人工筑成高大的"避潮墩"，供滨海劳作的盐民渔民暂时避让海潮。而在修建盐城城墙时，则以瓢为形，寓意盐城可以"瓢浮于水，永不沉没"。所以，"瓢城"为盐城躲避水患提供了精神的依托。

三、当代城镇规划与风水环境

与古代相比，中国当代的城镇化规模之宏大，发展速度之快，已今非昔比。人对于自然和事物发展客观规律的认识也有了巨大的进步。这促使我们根据当代城镇发展与自然生态的新关系，运用物质和文化新举措，形成的人与自然和谐共生的新城镇环境。因此，当代城镇可以通过城市规划、建设运营，促进城镇物质繁荣和精神凝聚，并巧妙地融入上述三类意向。同济大学城市特色规划设计学社在城市规划的理

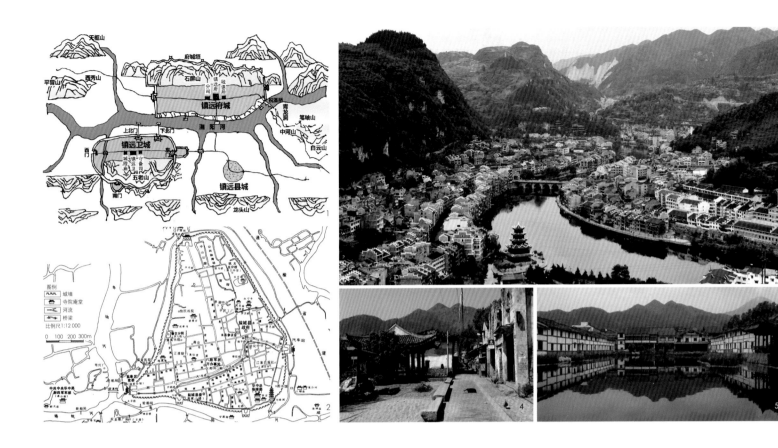

论和实践中建立了一个体系，并将自然和文化结合的风水环境融入到总体规划、详细规划、工程设计等各个层面，以下介绍三个实践案例。

1. 物质繁荣：富裕"酒乳纸风城"案例

黑龙江富裕县毗邻嫩江，湿地连绵，是传统的牧业大县。从齐齐哈尔市通往黑河市的高速公路带给富裕新一轮城市拓展的交通优势。依托良好的自然生态环境，富裕县形成了当代"酒乳纸风"四大主导产业，即富裕老窖酒业、光明乳业、造纸业、风能发电产业。

产业推动城镇化的进程，实现产与城的互动。富裕新一轮的城市规划和建设中，同济大学城市特色规划设计学社尝试营建高品质的环境，并将"酒乳纸风"的产业文化融入整座县城。在"酒"产业特色片区，规划扩大富裕老窖酒厂的厂区，引入工业旅游。在厂区周边建设酒文化餐饮休闲街，推动第二产业和第三产业的联动。将"乳"产业特色和城市新区的自然和文化建设结合起来。在优化自然方面，引来嫩江活水进入新区，串联起荒废的砖瓦厂取土坑，以水绿体系为新区营造良好的环境本底。在提升文化方面，借鉴世界文化遗产宏村的牛形水系。将新城北端的引水口作为牛嘴。把新城中部的多个取土坑梳理成湖，形成了几个牛胃和一个牛肚。向南流出新区的河流则成为牛尾。新区被命名为"水乳新城"，形成"北富裕，南宏村"，中国交相辉映的两大牛形水系的文化格局。"纸"产业特色片区中，在造纸厂外孕育大片有针对性的湿地植物，进一步净化纸厂处理后排放的水。形成纸厂工业旅游和湿地公园环保体验旅游的组合。富裕是黑龙江三大风力发电基地，但发电机都在县城外。因此，创造性地将城市高速公路门户和入城通道作为体现"风"产业特色的载体。在高速匝道绿地中规划大型风动雕塑，既展现富裕少数民族的歌舞文化，又通过随风而动的雕塑与风电设施相呼应。在入城道路上安排四处节点，以花样滑冰运动员旋转动作的剪影为原型，制成能迎风而转的片状小品。最终构成"风景之门"、"风景之路"的特色景观。至此，"酒乳纸风"四大生态产业创新地融入了县城空间。

案例总结：富裕"酒乳纸风城"体现了产城一体的风水环境，是促进城市物质繁荣的做法。

2. 文化吉祥：黎川"如意水城"案例

黎川位于江西省东南部的抚州市，与福建省交界。黎滩河是抚河支流，古城伴水而生。随着区域交通条件快速提升，黎川县城跨河发展，城市规模不断扩大。

黎滩河穿城而过，下游城郊有一大片自然湿地，上游与社苹河交汇处地势低洼，规划为人工湖，因此形成了"一河串两湖"的格局，形似如意。中国古代的如意常常镶金嵌玉，谓之多宝如意。同济大学城市特色规划设计学社将"水如意"的文化图式融入黎川城区，集"多宝"于"水如意"之上，沿河规划建设了一系列功能和文化交融的宝物。行政中心大楼是一块红宝石，因当地有特色船屋而设计成船形，寓意人民为水，可以载舟，亦可覆舟的理念。油画艺术村是一块玛瑙，从深圳芬油画村回乡创业的黎川籍艺术家群体创立了特色文化产业基地。黎川古城是一块硕大的乌金，保存至今的八十余个多进院落的民居和十里长街记录着古代黎川的繁华，两座廊桥是古城的点睛之笔。日峰山和新丰山是两块翡翠，也是登高体验黎明山川的山地健身公园。"水如意"的北端是湿地公园，利用原有的洲滩，自然形成了灵芝形的岛屿。"水如意"的南端是人工湖，以曲动的云纹水岸勾勒轮廓，基地内原有的寺庙被保留在葫芦形的岛屿上。唐宋八大家中的王安石和曾巩都是抚州人。黎川地区也是苏维埃老区，有大量的红色文化。因此，"水如意"上的"多宝"还可以逐步挖掘，将更多特色文化融入黎川城镇空间。

案例总结：黎川"如意水城"以如意之水串联当地文化资源和文化产业，是彰显黎川特色、促进文化吉祥的做法。

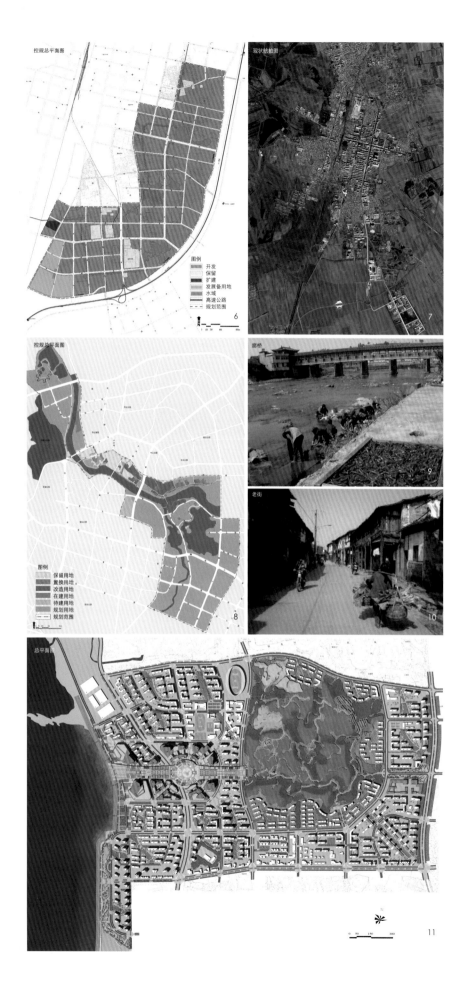

3. 防患不利事物：泸州纳溪"纳溪麒麟城"案例

泸州以"中国酒城"为城市品牌，拥有泸州老窖、郎酒等名酒。纳溪区是四川泸州市南部城区，撤县设区较晚，自然风光秀美，城乡景观交融。纳溪区向主城区方向拓展城镇空间，设立了新城。新城西临长江，总面积约3km²，其中包含了1km²的自然山地——五顶山。由于新城位于长江急弯的外侧区域，处于反弓水格局之中，与中国传统文化中水抱为吉的文化图式不符，需要对不吉利事物进行防范。

纳溪区曾出土汉代青铜器——麒麟温酒器。麒麟的腹腔是可以放置木炭的炉堂，麒麟的两侧是盛水的圆鼓。古人将酒杯置于园鼓内就可以温酒，然后饮用。麒麟温酒器是中国酒文物的孤品，已经成为了泸州打造中国酒城的形象标志。麒麟是中国民间最重要的吉兽之一，因此引入麒麟文化来实现化煞，防患不利。新城空间结构的核心是长江与五顶山之间的中轴线，从岸到山顶有几十米高差，在当地被称为"大梯步"。同济大学城市特色规划设计学社根据新城的功能分区，沿着中轴线，由水边至山地依次安排了化煞麒麟、吐书麒麟、温酒器麒麟、驮宝麒麟和送子麒麟五个文化区段。以文成景，相应组织各文化区段的景观环境。化煞麒麟区以一组麒麟望柱为载体，柱身雕刻纳溪区各著名景区。吐书麒麟区、驮宝麒麟区、温酒器麒麟区均以石雕点睛，配以文化休闲园。送子麒麟区中麒麟背驮汉族和苗族少年，体现当地的少数民族文化。五顶山公园以保育自然为本，连通山地游步道，集中力量建设五个小型的园中园，以此体现五子登科文化。"五竹园"是竹类博览园，展示纳溪作为"中国杂竹之乡"的竹类多样性。"五鸟园"设置眺望塔，林上观鸟。"五鱼园"利用山地荷塘，提供餐饮服务功能。"五虫园"内可以亲密接触当地的昆虫和小动物。"五兽园"采用麒麟形象的五子登科雕塑，背倚云溪阁，形成中轴线的收头和视觉焦点。灯柱、亭架、座椅等环境设施都结合了酒具形象，烘托麒麟温酒器主景，成为中国酒城泸州新的文化地标。

案例总结：泸州纳溪"纳溪麒麟城"以借麒麟温酒器引入麒麟文化用于风水化煞，形成能转危为安的风水意向，是防患不吉利事物的做法。

四、结语

这两组古今城镇体现了城镇规划与风水环境结合的可能性和文化心理价值，有同有异（表1）。

中国古代的规划理论不仅体现了古人认识到的朴素的自然规律，而且也蕴含着古人在精神的追求和期望。中国是一个意向性审美的民族，基于事物本身，体验意境之美，精神之美。随着中国物质经济水平的不断提高，人们对于更优良的生态环境的向往，对于更美好的精神世界的向往，将是必然的趋势。因此，中国走上了实现生态文明和文化复兴之路。

表1 古今城镇规划异同

古今城镇	相同	相异
古代城镇镇远、苍坡村、盐城	1.祈求吉祥，避免灾祸的心理需求； 2.用城镇空间来承载文化心理	1.城墙等实体元素是承载风水环境的重要空间载体； 2.用城镇的实用功能和风水环境空间常常融为一体；
当代城镇富裕、黎川、纳溪		1.河流水系等环境元素是承载风水环境的重要空间载体； 2.常常用雕塑等

当代城镇规模巨大，功能复杂，当代人的价值观和审美也在发生变化。需要继承传统规划理论的精华，孕育出新的内涵和新的做法，比如上述城市产业文化融入城市的优美环境中，为城市物质经济发展创造品牌附加值；城市当代人文与古代人文的相互映衬，实现古今交融的文化吉祥等。

当全世界关注中国经济发展和文化复兴时，努力让自然和人文交融，创造和谐美好的城镇一定会从自发走向自觉。所以，我们谨以本文抛砖引玉，求得学界和业界对于城镇规划与风水环境的关注和更多交流。

参考文献

[1] 胡玎，王越. "以形表意"：文化图式融入城镇空间的方法及应用[J]. 风景园林，2015（2）：80 – 85.

[2] 胡玎，王越. 上海世博会风景园林规划设计的理念和应对策略[J]. 园林，2009（12）：16 – 20.

[3] 王云才. 传统文化景观空间的图式语言研究进展与展望[J]. 同济大学学报（社会科学版），2013（1）：33 – 41.

[4] Kevin Lynch. The Image of The City. Boston: The MIT Press，1960.

[5] 拉普拉特. 建成环境的意义[M]. 黄兰谷等，译. 北京：中国建筑工业出版社，2003.

[6] 谭祺. 西南山地典型古城人居环境研究：贵州省镇远古城[D]. 重庆大学，2010.

[7] 韩雷，杜昕谕. 居住空间认同与古村落保护：以温州永嘉苍坡村为例[J]. 温州大学学报（社会科学版），2013（5）：13 – 22.

[8] 黄瓴. 城市空间文化结构研究：以西南地域城市为例[M]. 东南大学出版社，2011.

作者简介

胡　玎，博士，同济大学建筑城规学院，同济大学可持续发展学院，同济大学设计集团都市院规划与景观中心主任，高密度人居环境生态与节能教育部重点实验室，上海市风景园林学会教育专业委员会秘书长，研究方向为城市特色规划与设计；

王　越，在职博士生，同济大学继续教育学院讲师，上海同济城市规划设计研究院，国家注册规划师，研究方向为风景园林规划与设计。

6-7.富裕水乳新城案例　　　　12.纳溪麒麟新城案例鸟瞰图
8-10.黎川如意水城案例　　　13.富裕水乳新城案例鸟瞰图
11.纳溪麒麟新城案例　　　　14.黎川如意水城案例南部鸟瞰图

山水格局中的传统古镇规划
——四川省巴中市恩阳片区控制性详细规划

Landscape Pattern of Traditional Town Planning
—Controlled Detailed Planning and Urban Design of Enyang Area, Bazhong in Sichuan

胡永武 廖 飞 刘战领
Hu Yongwu Liao Fei Liu Zhanling

[摘　要]　本文介绍了四川巴中市恩阳片区的控规设计，突出山水格局、历史文化名镇的保护与利用，新城开发的规划理念，强调中国传统文化在城市规划编制中的延续和运用，提倡在规划编制、管理、实施层面对传统文化进行挖掘和展示，结合山水、古镇等因素编制可持续性规划来提升传统文化的活力，并思考新时代背景下古镇保护和开发的策略选择。

[关键词]　山水格局；传统文化；古镇保护；控制性详细规划；城市设计

[Abstract]　This paper introduces the Sichuan Bazhong City Yuxi area control regulation design, outstanding landscape pattern, protection and utilization of historical and cultural towns, new town development planning concept, emphasize the Chinese traditional culture in city planning in extension and application, promoted in the planning, management, implementation of the traditional culture of mining and display landscape, ancient town, with factors such as preparation of sustainable planning to promote traditional culture and vitality, and explore the new era town protection and development way choice.

[Keywords]　Landscape Pattern; Traditional Culture; Protection of Ancient Towns; Controlling Detailed Planning; Urban Design

[文章编号]　2016-70-P-032

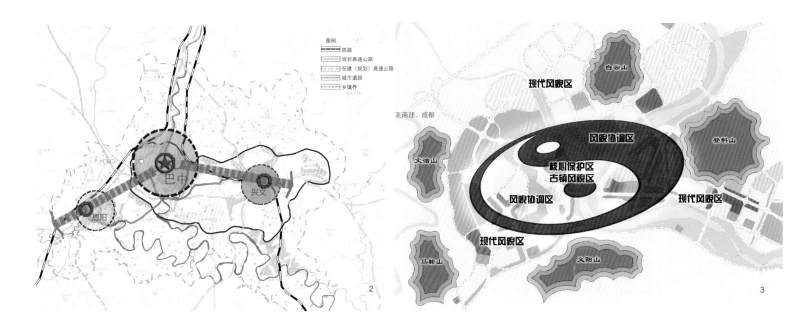

1.夜景图
2.区位图
3.风水格局图

一、规划背景

恩阳镇位于巴州区中南西部,距巴中市区17km,于2012年《巴中市城市总体规划》被纳入巴中市城区的两翼之西翼发展,以镇设区,城为巴中市城区的一部分。镇域内有巴州区主要的河流恩阳河,历史上的恩阳水运发达,能通船上游至南江,下游至重庆,水陆交通便利。恩阳河古名清化水,是巴河一级支流,渠江二级支流,恩阳河、之字河、詹家河纵横全镇,形成镇域的水网体系。

恩阳镇地处四川盆地北部的低山区,属米仓山南麓丘陵地貌,正好处于巴中境内低山、长梁高丘地貌向平缓坡台状丘陵地貌过渡地带,最高山峰义阳山位于镇南,海拔680m,之字河在恩阳古镇区东面汇入恩阳河。

恩阳镇历史悠久,至今已有近一千五百年的历史,曾是川北地区物资集散中心、川东北著名的水码头。红军苏维埃时期,置恩阳县及恩阳特别市,2008年被确认为第四批国家历史文化名镇之一。

1.风水格局

恩阳古镇周边的大环境自古就有"五马来朝"之说,此"五马"即为古镇周边的五座山峰,分别为:义阳山、登科山、白云山、文治山、马鞍山,这是恩阳古镇的山水大环境,通过恩阳河与之字河的流动使得山水汇聚,在恩阳河上的"中嘴儿"与"龙嘴儿"处形成阳极与阴极,由此,通过"五马"所构成的圆形界面,结合恩阳河上的极点,一个清晰且典型的"八卦"形态便呈现了出来。可以概括为:五马来朝,山水环绕,阴阳互动,人文诞生。如此在恩阳河之字河交汇之处,恩阳古镇得以应运而生。

2.古镇格局

目前恩阳古镇内仍然完整的保存着传统风水格局,有古朴的街巷,树影婆娑、姿态娜娜的古榕树,高低错落、层叠弯曲的自由街巷步行空间。建筑多为木柱檩梁结构,出檐深、屋坡大、川北名居特色明显,加之建筑随地形变化,组合或掉层,或层叠落;或是悬挑,城镇空间蕴涵生活情趣。并形成独特的街巷格局——川北八阵图。恩阳古街区内,街道格局多样,空间丰富多变,即主轴道路派生出若干小街小巷,使人在镇中迷茫得晕头转向,于是,就有人们称它是"八阵图"。而"八阵图"的形成又与恩阳传统文化传承及川北民居文化的多变性、丰富性、审美性,甚至私密性有关。

通过前期的规划调查与分析,恩阳的风水格局与古镇格局可描述为:川北地区典型的与山水相融的街巷格局完整的具有红色文化特色的商贸古镇。其三维空间结构浑然一体,"山—水—城"景观连续;古镇格局完整、典型的明清川北民居群、街巷布局原汁原味、古镇空间尺度自然过度,是风水古镇,也是红色文化孕育之城。

3.地名文化

恩阳镇有着丰富的人文历史资源,既有中国传统的易经风水文化、阴阳八卦文化,又有氏族巴文化的习俗传承,即有明清时代商贾带动发展的城市街巷格局,又有红色文化的进驻,中国传统的多元文化在此交汇融合,是一颗被尘封在蜀中米仓古道上的遗珠。

据《寰宇记》记载,南北朝梁普通六年(公元525年),当地始置义阳郡及义阳县,郡、县同治,因紧接义阳山而得名,属巴州。隋开皇十八年(公元598年),县令巡查,见街有孙子打祖母,失了常伦,故改义阳县为恩阳县,另一说法是隋朝当时统一了天下,为了让大巴山深处的人民记住皇恩浩荡而改名。

从"义阳"到"恩阳"的地名变更反映了当时的统治者一个极具远见的规划思想,即将恩阳融入中国正统文化。当时南北朝、隋朝时期即将迎来大唐盛世,是中国古代封建社会发展的顶峰时期,恩阳于此时更名,使巴人的"义民"转化为中国王朝的"承恩之民",代表了恩阳融入中国正统,在巴文化中汇合融入中国的儒释道文化,对后世恩阳的城镇发展奠定了文化和政治基础,其命名一直延续

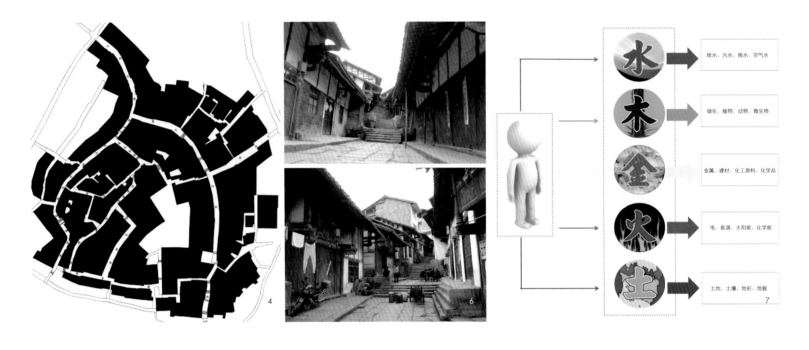

4.古镇肌理图　　　　8.道路交通规划总图
5-6.古镇生活照　　　9.景观格局规划图
7.规划策略图　　　　10.用地规划总图

至今1 500年未变。

地名在规划学理论中也是非常重要的，根据《城市秩序》一书的描述："许多地名的含义远远比单纯的地形描述来得丰富——它们与感觉和激情同步、与希望和渴求共鸣，它们召唤起过去、宣示着未来。地名决不仅是我们倚之区分不同地点的工具，为一个地方命名是一种社会行为。"地名往往反映着权力、具有启发性、能高度概括一个地方的人文、地理特色。因此，恩阳的命名作用影响千年。

而"恩阳"正是影射"阴阳"，此一命名将恩阳承接天地自然的山水格局完好的融入人文理念，是"天人合一"的象征，也说明了诞生于古老象形传统的《易经》文化对此地命名规划的影响。正是古老的文化基因和文化积淀改造了无数代恩阳人的精神特性，塑造了独具特色的恩阳，并随着历史潮流，融入了佛教文化、道家文化，最后实现多元文化共存，到了明清时代，使得恩阳城镇发展势不可挡。其中城镇建立的最早一条街巷称为"正街"，影射"公平交易"，正是传统文化、商贾文化对市场发展的正确理解。当时的市场繁荣，传颂中的"早晚恩阳河""小上海"等现象就发生在此地，结合独特的水陆换乘区位，形成了恩阳"会馆林立""大栈门""巴山背二歌"等建筑遗存和非物质文化遗产，从中可见中国传统文化孕育城镇文明发展的能力。

恩阳经历了千年封建王朝崩溃、民国时期、新中国建立等无数历史浪潮，其古镇格局一直没有遭受很大破坏，仍然完好的保存至今，正是体现了"恩"字的含义。在《易经》中，恩代表阴，有"柔、顺、退、屈、忍……"等含义。

二、规划主要问题

1. 定位问题

上位规划做了调整，已确定恩阳片区作为文化、居住新城发展，并发展古镇旅游服务业，更重要的是其目标的设定已不仅仅是一个城镇，而是即将成为巴中市一个城市分区，因此其定位随之而来发生改变，需要从巴中市总体考虑而不仅仅局限于恩阳镇，并要结合恩阳自身丰富的资源条件和文化渊源，准确分析其发展定位，为未来设定好发展路径，让恩阳这个传承了优秀历史的古镇明珠，擦去灰尘，在新时代有一个全新的绽放。

2. 保护问题

保护问题内容复杂，需要厘清主次轻重，分别从结构、建筑、街巷、整体风貌、周围环境、设施更新、防灾等层面来分析。其中古镇传统建筑逐步老化与损毁，古镇建筑街巷局部地方遭受改变，镇区内部及周边电线杆林乱搭建，对古镇风貌影响较大，古镇周边建设失控，新建建筑对古镇风貌破坏极大，恩阳

古镇四周自然环境遭到污染和破坏，山体的绿化不断受到侵蚀。古镇内部基础设施和环卫生设施欠帐严重，人居质量恶劣，脏乱差现象普遍，水灾、火灾及建筑质量安全隐患严重，恩阳古镇内大部分建筑均为木结构建筑，且由于年久失修，大部分电线已经老化，火灾隐患严重。

3. 开发问题

东西片城区用地发展已经紧凑，无法解决公园、停车场、公共绿地和开敞空间的布局，更无法满足大流量的游客服务需求，古镇周边没有很好的停车设施，进出古镇交通不便，恩阳镇东西片区目前的内部交通局限于一座恩阳河大桥，已经形成拥堵和混乱，必须得到解决，老镇路面已经破坏严重，急需修补。周边山体缓坡带多，地形较为复杂，开发建设需要综合考虑评定。

三、规划策略

规划布局要结合中国传统文化中的阴阳五行学说，五行中的水对应给水、污水、雨水；木对应绿化、山体植被；金对应城市的工业；火对应城市能源；土对应城市的土地、地形。五行学说讲究平衡、中庸、和谐，如果予以灵活运用，使之各种事物产生"相生"而避免"相克"，则能使规划在实施中有理

米仓古道文化园
G
廊桥
起凤桥
古渡
H
F
旅游中心
文治小学
文治博物馆
文治生态园
文治人园

11

义阳山
马鞍山
连子山
大梁山
文治山
恩阳河

12

阴极

13

性的把握与理解，也能避免出现古镇保护与新区开发激化的矛盾。

同时，规划中运用现代规划和交通理论，引入可持续规划策略，根据不同的空间层面、不同的主题进行实施策略的制订，将之灵活运用于恩阳片区来发展生态城市建设，将起到"四两拨千斤"的作用，使恩阳片区在合理的规划编制的基础上，通过可持续性的规划策略来引领规划管理和规划实施，完成规划编制成果的最终落实。

四、规划方案

1. 定位

功能：恩阳片区是巴中市城市西拓的战略重地，以旅游服务、生态居住、文化休闲三大功能为主导的复合型城市门户地区。

定位：巴蜀明珠、国家历史文化名镇；以古镇旅游服务业、绿色产业为主导产业的宜居宜业宜游的巴中市西门户。

2. 整体空间形态的传承

运用规划策略如下：保护古镇，依托古镇开展旅游服务；保护山水，依托山水拓展城市空间；理顺交通，组织高效安全的内外通行；控制合理的土地开发强度；协调古镇和新城的整体空间形态。从保护"二水"（恩阳河、之字河）出发，传承自古以来就有的"五马来朝"说法，形成城镇整体空间形态上的"五马来朝，山水相绕"的格局。

3. 规划布局

（1）道路交通规划

依据生态保护的需要，对道路线型进行调整，突出山水生态城市的特征，顺应地形、河流、山体自然界限，提倡慢行交通策略，为发展旅游城市的交通条件奠定基础。

主要道路网构成"四纵四衡三环"的道路框架。

其中，"三环"是以交通性干道为快速交通外环，是确保新区开发的主要框架，以生活性主干道形成交通性中环，是贴近古镇周边的道路网形成的中速交通环，主要为联系内环和外环的过渡环，内环以生活性次干道和支路为主，紧邻古镇，是按照生态低碳城市和低碳经济发展要求，减小机动车出行比例，鼓励自行车、步行的慢行交通环，可结合古镇旅游和滨河休闲绿化景观带的设置，以及"五马"的山体绿化，提倡当地"登山"健身习俗，重视自行车、慢行

健身绿道等慢速交通系统的构建，形成完整的慢行交通系统，与历史文化名镇周边的旅游定位相符。

通过三环的交通构建，可以有序引导外部交通与内部交通的交换，即能将外部交通顺畅的引入古镇周边，又不会直接对古镇造成很大影响，从而在交通组织上展现恩阳的山水古镇特色，同时将交通顺应"五马来朝、二水环绕"的地形，构造新的城市阴极和阳极。

（2）古镇保护规划

通过道路交通的构建，古镇搭上了现代城市开发的列车，但是任何古镇的保护都面临如何开发利用的问题，此次规划解决的关键是："顺应时代，构建大恩阳山水古镇"。

规划以古镇核心保护区为阴，以跨之字河东部、跨恩阳河东部开发新区为阳，通过二水和五山的恰当阻隔，保护古镇不会进入快速开发的快车道，而是停留在改建周边基础设施、整合内在文物资源、挖掘深层次文化价值上，使得古镇在合理可持续开发的慢车道上行驶。古镇周边在拓展进镇道路的南北三个入口处，分别设置旅游中心、文治博物馆、米仓古道文化园、廊桥等设施和景点。保留古镇内部人居环境的整洁、安全、适当的商业街区氛围，沿河边设置一些咖啡馆、茶室、民宿等旅游接待设施，并与周边的文治山公园、白云山景区、有便捷的步行交通廊道相连，使得古镇从封闭、孤守得状态，与时代的发展相协调，实现阴阳融合、相互促进，成为大恩阳山水古镇。

五、结语

古镇保护的重点问题是如何挖掘古镇文化、保存文化脉络，同时要响应生态可持续的新型城镇化发展新要求，对古镇在新的时代背景下的发展提出合适的路径。既要保护古镇免受开发、旅游的破坏性影响，又要把古镇深藏的风韵得以展露，这是有关历史文化古镇规划设计的关键所在。

本次规划通过挖掘古镇底层文化渊源，利用现状丰富的山体、水系资源，结合现代城市规划和交通理论科学，通过中西文化的融合，对用地进行保护、梳理、开发、提升，同时结合外部交通条件改善，城市空间发展的新机遇，将城市新区开发有效地与古镇保护相结合，致力于形成一个宜居宜业宜游的现代新型古镇新城；并在文化层面、社会话语构建上提出了规划实施的可行性，使得规划更易于被普通民众接受和认同，对规划编制后的管理和实施将会起到积极的

推动作用。同时，本次规划对历史文化如何在新型城镇化背景下的规划设计也会提供有益的思考。

参考文献

[1] 巴中市巴州区政协. 古镇恩阳[M]. 巴中飞霞，2007：3 - 352.

[2] <英>约翰·伦尼·肖特. 城市秩序[M]. 上海：上海人民出版社，2011：470 - 472.

[3] 王如松. 绿韵红脉的交响曲：城市共轭生态规划方法探讨[J]. 城市规划学刊，2008第1期，（总第173期），8 - 17.

作者简介

胡永武，上海经纬建筑规划设计研究院有限公司副总规划师，高级规划师，国家注册规划师；

廖　飞，上海经纬建筑规划设计研究院有限公司，规划设计副总监；

刘战领，上海经纬建筑规划设计研究院有限公司，主任规划师。

11.古镇保护规划图
12-13.鸟瞰图

通过城市规划空间管控措施改善城市环境
——以青岛市环胶州湾地区为例

The City Planning of Space Control Measures to Improve the City Environment
—Jiaozhou Bay Area of Qingdao

戴 军
Dai Jun

[摘　要]　胶州湾是青岛市城市化发展的摇篮，然而，城市的扩张特别是沿海地区的大规模开发建设，对地区的气候环境将带来不良的影响，如果不加控制，这种不良影响有可能逐渐加剧。本文通过规划空间管控措施与城市气候环境效应的关系入手进行探讨，从城市气候安全视角出发，总结归纳青岛市在环胶州湾区域构建城市和谐共生的城市生态框架的手法。通过对现状自然气候及其存在问题进行分析，重点从城市实体空间规划管控方面探讨胶州湾生态安全格局的构建。

[关键词]　城市规划；空间管控措施；环境；环胶州湾地区

[Abstract]　The Gulf of Jiaozhou is the cradle of Qingdao city development, however, the expansion of the city especially the large-scale development and construction in the coastal area, will bring bad influence on regional climate environment, if not controlled, the adverse effects are likely to aggravate gradually. To explore the relationship between management and control measures of spatial planning and city climate and environment effect, from the point of view of city climate security perspective, summed up the Qingdao City, city construction harmonious symbiosis of city ecological framework technique in Jiaozhou Bay region. Through analyzing the present situation of natural climate and the analysis of its existing problems, focusing on the construction of Jiaozhou Bay ecological security pattern from the city space planning control entity.

[Keywords]　City Planning; City Space Control Measures; Environment; Area of Jiaozhou Bay

[文章编号]　2016-70-P-038

1. 青岛胶州湾沿岸城市发展进程
2-3. 2006年10月27日青岛土地利用
类型和地表温度分布

一、引言

青岛城市的发展，从清末开始。自1978年改革开放后，胶州湾沿岸城市建设的发展逐步加速，青岛进入快速城市化进程中，这时候的城市发展主要集中在东海岸的老城区和黄岛等地区，胶州湾沿岸大部分地区尚未开发，在此阶段环境问题尚不明显。20世纪90年代青岛实现城市中心东移和行政区划重大调整，市区总面积由80年代初的100km左右增长到1 316.27km²。市区人口规模由1990年的203万人，增加到1999年底的232万人，增长了14%。进入21世纪，随着西海岸建设经济重心的实施，青岛市的城市环境恶化趋势有所放缓，为满足城市社会经济发展需要，城镇范围逐步扩大。

本文试从城市规划角度，归纳整理近几年青岛市在胶州湾地区所采用的空间管制手段和措施，提炼和总结其中对改善城市风水环境和自然气候所发挥的种种作用。

二、研究背景和存在问题

在全球气候变暖的大背景下，青岛气温的变化与城市的快速发展有着密切的关系。"冬无严寒，夏无酷暑"的青岛，近些年夏季闷热天气越来越多，与之相对应，用于空调的能耗则逐渐升高。城市热岛对于青岛夏季逐渐增多的高温闷热天气有一定贡献。青岛市气象局在城市热岛领域做过更为系统的研究，在《城市热岛效应监测分析评估》报告中指出，平均地表温度的空间分布格局均与青岛市的建设用地和绿地的分布格局一致。生态保护和绿化建设对青岛的热岛效应有显著的抑制作用，在工业、商业或居住密集区温度较高，而在绿地、农田、水库、山林等地区温度较低。

从青岛近30年的年平均风速的变化可以看出，城区代表站崂山站的风速存在明显的减小趋势。这主要是由于近些年来青岛市区的城市发展速度快，密集的建筑群越来越多且高度不断增高，阻碍消耗了空气水平运动的动能，因而使城区的风速明显减小。城区风速的减小在一定程度上会影响到污染物的扩散速度，使得城区的大气污染物容易累积到较高的浓度。

表1进一步统计了1978—2007年30年间青岛地区日降水量超过200mm的大暴雨。从表1可以看出，这种极端降水事件都发生在20世纪90年代以后，本世纪发生暴雨的频率增加极为明显。

青岛地区的极端（或异常）降水事件与青岛的城市化进程密切相关——城市的扩建与人类的生活、无序活动（包括各种交通工具），加剧城市地表与大气的能量交换，大气边界层运动变得更复杂，城市地区的对流更强烈，使得极端降水事件出现的频率明显增加，这对城市的日常运行将产生一定影响。

从图5可知，影响到青岛的台风个数近15年翻了一番还多，这与气候变暖导致台风总数增加有关。受台风和风暴潮的影响，青岛的沿海城镇极易发生暴雨、大风、内涝等气象灾害，对沿海的防洪坝、城市

表1　1978—2007年青岛日降水量大于200mm极端降水事件

排序	时间	台站	降水量
1	1990.8.16	胶南	299.9
2	1997.8.19	即墨	303.5
3	2000.8.29	胶南	236.4
4	2001.8.1	青岛 / 胶州	219.1 / 211.3
5	2006.8.26	即墨	211.7
6	2007.8.11	青岛	241.2
7	2007.9.20	胶南	203.7

排水系统和建筑物的规划与建设提出了较高的要求。

　　从20世纪80年代后期开始，青岛历届市政府都在环保工作上投入巨大，到目前为止，青岛的大气环境质量一直较好。若任由发展不采取措施会带来以下不良影响。其一，环湾地区的新增城市建设区会导致地面气温出现较大面积的升温。气温升高带来的后果是夏季人居环境舒适度的下降和空调能耗的进一步升高，而能耗的升高又会进一步加剧城市热岛效应，如此反复形成恶性循环。还可能引起夏季极端和异常降水的增多，并增加了降水的不可预测性。其二，环湾地区的城市建成区面积的不断增加，建筑物高度和密度的增加，会增加整个城区范围内的粗糙度，造成局部区域近地层平均风速的不断下降。平均风速的不断下降，会导致扩散条件进一步的恶化，有可能造成一定的大气环境问题。基于一系列预测模拟的研究，明确了一个事实——即在环湾地区大面积建设城市，将对地区的气候环境将带来不良的影响，并且如果不加控制，这种不良影响有可能逐渐加剧。

三、规划理念、实施策略和具体管控手段

　　2008年9月青岛市启动了新一轮城市总体规划，以科学发展观为统领，全面融入"环湾保护、拥湾发展"战略思想，将环胶州湾区域规划建设成以轴向发展、圈层放射、生态相间为空间结构的国际化、生态型、花园式的环湾城市组群。针对这一城市总体建设发展目标，青岛市从改善城市环境、实现环湾地区城市可持续发展角度展开了对城市总体布局、城市生态隔离廊道、城市生态湿地、城区绿地布局、城市建筑物布局设计等多个方面的规划策略研究和空间管控。

1. 城市总体布局

　　王晓云在2006年完成的一项研究中，对若干城市规划典型要素的气候环境效应进行了数值模拟，期待通过理想的敏感性控制试验，定量地分析城市规划要素对于气候环境的影响。本文将引用王晓云的相关研究成果为城市规划策略提供理论支持。在该项研究中，以中纬度地区为背景，设计了4种城市总体布局，通过理想数值模拟的方法，研究城市总体布局对地区

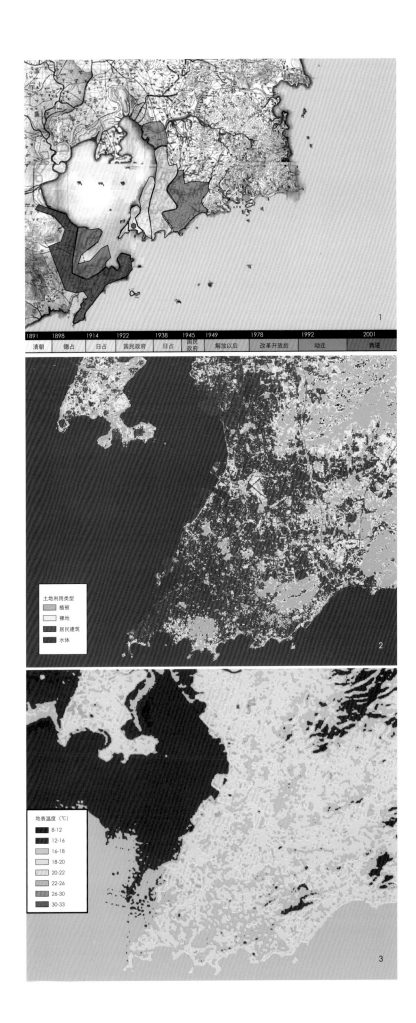

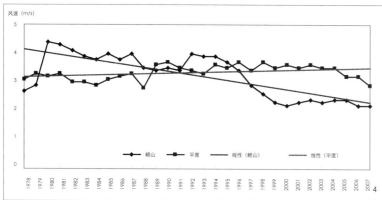

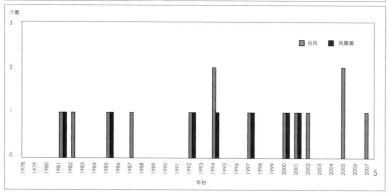

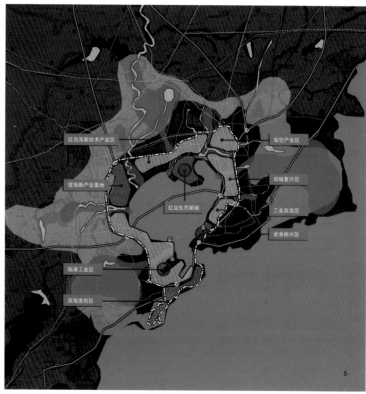

4.近30年来青岛两站年平均风速演变图
5.近30年来影响青岛的台风和风暴潮频次分布图
6.胶州湾功能区划图
7.环胶州湾区域生态隔离廊道图
8.环胶州湾生态湿地保护区分布图

气候环境的影响，研究重点关注了两个要素，分别是夏季的热岛效应以及大气扩散能力。设计的4种城市总体布局方式分别是带状、十字状、组团状与点式集中状，4种布局方式中，城市建成区的面积是相同的，均为500km²。

从对比结果来看，组团状方案的大气扩散输送能力最强，点式集中状方案最弱，带状与十字状相差不大。在相同初始浓度的状况下，夏季组团状方案比点式集中状方案的扩散能力增强15%；冬季组团状方案比点式集中状方案的扩散能力增强11%。

通过这部分的分析，可以得出如下结论：组团状的布局方式对于城市建设来说，是最利于城市气候环境的改善的。

根据青岛市城市空间演变历程、区域空间发展关系、现状自然条件及城市发展要求，青岛市在总体规划中采用了组团模式，具体空间布局为：以大沽河、胶州湾为生态中轴，以崂山风景名胜区、小珠山风景名胜区为生态保护重点，依托白沙河、墨水河、洋河等主要河流构筑生态控制带，形成组团式、海湾

集合型大都市。环胶州湾地区划分为九大功能分区，分别是：老港振兴区、工业改造区、旧城复兴区、临空产业区、红岛生态新城、红岛高新技术产业区、营海新产业基地、临港工业区和滨海度假区。该布局有利于城市用地功能在更大的空间中合理布局，促进城市社会、经济、环境协调发展；有利于疏解主城区产业与人口；有利于保护胶州湾、风景名胜区及历史文化名城等自然人文资源，构筑城市生态安全体系。青岛当前的城市布局方式结构基本合理，在未来新兴城镇的城市规划和发展中应贯彻组团式布局理念，在旧城改造中留出生态廊道，形成带状组团形式。

2. 城市生态隔离廊道

在陆地上对建成区进行隔离，最佳的方法莫

过于采用生态隔离廊道。已有研究表明，生态隔离廊道对于调节城市气候有巨大的功效，同时，植被往往具有一定的自净能力，对于改善城市的大气环境质量有重要的作用。生态隔离廊道的设置使生态廊道附近的气温减小，尤其使夏季气温显著减小，生态廊道的设置将有效地缓解城市化进程带来的热岛效应。生态隔离廊道的设置使生态廊道附近的风速增加，从而增加城市的通透性，提高大气扩散能力，使得污染物的浓度减小。

在胶州湾地区，通过划定河道绿线，建设生态绿化隔离廊道。形成以胶州湾为生态保护核心，依托河流水体构筑生态廊道，形成河流廊道、生态绿化间隔区组成的可持续发展的生态格局。

依据沿线湿地、山头、河流等现状，一共规划

表2	城市布局各方案扩散能力			单位：min
	带状	十字状	组团状	点式集中状
夏季	33.13	33.27	31.26	36.20
冬季	28.67	29.07	27.06	30.05

了9个生态间隔廊道：洋河生态间隔廊道、大沽河生态间隔廊道、红岛西侧河生态间隔廊道、墨水河生态间隔廊道、白沙河生态间隔廊道、娄山河生态间隔廊道、娄山河生态间隔廊道、李村河生态间隔廊道、海泊河生态间隔廊道、大涧山生态间隔廊道。依托水体、湿地、山体、道路等规划建设环湾城市生态间隔廊道，严格控制城市环湾各组团的连绵开发趋势，防止城镇空间的随意扩张和无序蔓延，构成城市生态间隔系统整体格局。

表3 环胶州湾区域生态隔离廊道汇总表

名称	所在地	长度 （km）	宽度（km）
洋河生态间隔廊道	黄岛区	4.6	1～3
大沽河生态间隔廊道	城阳区	6.4	2～7
红岛西侧河生态间隔廊道	高新区	3.1	0.5～1.5
墨水河生态间隔廊道	城阳区	3.8	0.5～2
白沙河生态间隔廊道	城阳区	8.2	0.3～0.6
娄山河生态间隔廊道	李沧区	3.4	0.4～0.8
李村河生态间隔廊道	李沧区	3.0	0.4～0.9
海泊河生态间隔廊道	市北区	4.9	0.15～0.2
大涧山生态间隔廊道	黄岛区	2.5	1～3

3. 城市生态湿地

已有的一些研究表明，城市生态湿地的设置对于调节城市气候有重要的作用。城市生态湿地的设置对白天城市气温的减小有一定作用，可以一定程度上缓解白天的城市热岛效应，对气温影响的范围与生态湿地的范围相对应。生态湿地以后，白天污染物的浓度有所减小，生态湿地的设置对于大气的净化有一定作用，并且相较于沼泽湿地，水体湿地对城市气候环境的有益作用更明显。

在胶州湾地区，严格维护胶州湾海湾基质，以生态湿地、生态林地为保护重点，设立生态湿地、生态林地斑块保护区，将大沽河入海口两侧范围东至城阳女姑口南，西至胶州洋河口南面积约为348km²的湿地区域划定为胶州湾生态湿地保护范围，按功能区划分为：核心区、缓冲区、实验区。在大沽河、白沙河、墨水河、洪江河等河流河口地带建设人工湿地，划定墨水河河口湿地保护区、大沽河河口湿地保护区、李村河入海口湿地保护区、河套西北部湿地保护区，形成完整的海—陆复合生态系统。

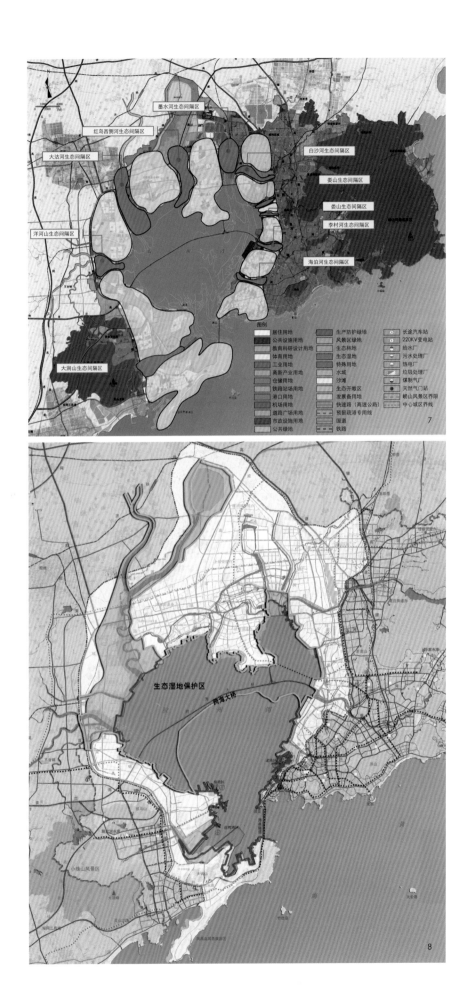

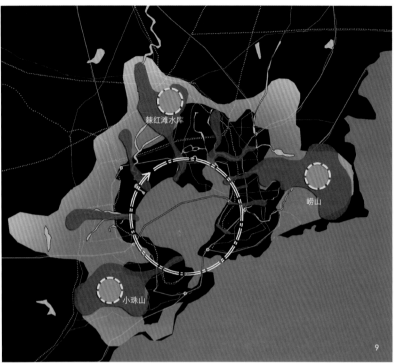

4. 城区绿地布局

城市中绿地面积的增加，不仅对于缓解城市夏季高温和城市热岛效应有较大帮助，并且也有助于增加城市的通透性（绿地增加，则建筑物的密度会降低），从而有助于提高城市的大气扩散能力。一系列的数值试验表明：绿地面积的增加能够有效地降低城市气温、增大城市的扩散能力，并且分散型绿地布局比同面积的集中式绿地布局具有更加明显的调节作用。

根据环胶州湾地区城市未来发展与生态环境建设需要，结合现状自然环境条件和建设状况，从生态保护、生态恢复和生态建设三个方面，环胶州湾地区的绿地布局为"一环、三楔、九带、多园"。

"一环"指的是环胶州湾海岸线。通过规划，构建生态的海岸线系统，为胶州湾沿岸城市的发展提供生态保障。"三楔"指的是小珠山、崂山、棘红滩水库三大生态载体延伸楔入环胶州湾城市地区，联系环海湾海岸生态系统。"九带"指的是结合汇入胶州湾几条河流的整治，构建以河道为骨干，河两侧绿化走廊为扩展的滨海绿地系统。"多园"指的是胶州湾城市地区中结合自然环境及空间需求设置的多处大型生态绿地。

5. 城市建筑物布局设计

城市高层建筑物的增高、增密已经带来了遮挡阳光、局部地区温度升高引起热岛效应、地面沉降、城市密度过大、公共活动空间狭小等诸多负面问题，但高层建筑的建造确是向寸土寸金的大都市争取空间的一个捷径，因此城市建筑物高度控制日益成为一个两难的问题。

在胶州湾地区，考虑保护城市风环境、保持城市空气流通，城市近海建筑物的规模、高度和布局必须适当，在沿海地区应避免建设连片的高大建筑物，以免高层建筑在近岸形成"墙壁"阻挡海陆风及盛行风；而在内陆地区，建立高大建筑也应保持一定间隔，避免"城市风灾"的出现。在进行开发区的详细规划时，应考虑建筑物的高度、外形及布局，采用有助改善建筑物通风的梯级式建筑物高度和建筑外形；并在建筑群内尽量分布有效而多元化的绿化用地。

最后，对于沿海地区的详细规划，应尽可能的做气候可行性论证，以避免由于建筑布局不当影响海陆风的渗透。

四、结语

随着城市建设的快速扩张，如何在日益快速的城市化进程中改善地区城市环境、管控好区域内的生态用地，守住自然生态资源底线，使之形成与城市发展相得益彰的风水环境，协调好城市经济发展与生态环境保护之间的关系是摆在

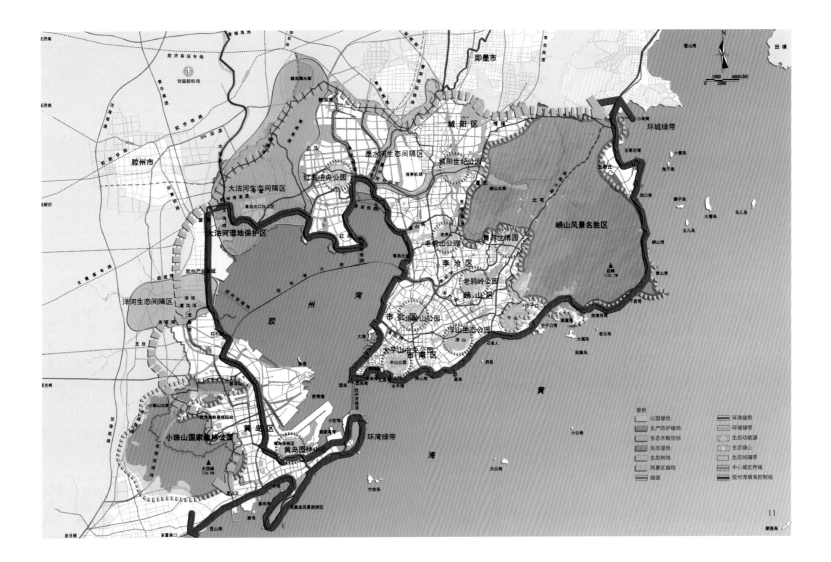

当下的一个巨大挑战。本文从规划入手通过综合管控切实解决环湾区域突出的环境问题，全面改善环湾区域生态环境质量，奠定拥湾发展的良好环境基础，具有重要意义。期待能为其他类似城市环境塑造提供有益借鉴，更期待就类似规划问题与国内外同仁进行交流探讨。

参考文献

[1] 王晓云．城市规划大气环境效应定量分析技术[M]．北京：气象出版社，2007．

[2] 王晓云．城市规划大气物理环境效应定量分析技术及评估指标研究[D]．北京：清华大学，2006．

[3] 青岛市林业局．胶州湾生态湿地保护研究技术报告[R]．2009．

[4] 赵琨，苗高罗，王天青．从弹性引导到刚性控制：胶州湾生态控制线划定的思路与方法[C]．2012中国城市规划年会论文集，2012．

[5] 青岛市规划局，青岛市城市规划设计研究院．环胶州湾保护与利用控制性详细规划（专家评审稿）[R]．2005．

[6] 青岛市规划局，青岛市城市规划设计研究院．胶州湾围海填海控制线、湿地保护线、入湾河道控制蓝线及近岸地带禁建与限建区域控制线规划[R]．2010．

作者简介

戴　军，青岛市城市规划设计研究院，建筑所所长助理，工程师。

致谢：除上述所列文献外，本专题还收集了大量来自网络的科技文献信息，无法一一列举，在此一并表示感谢。

文化旅游
——以佛教文化旅游胜地无锡灵山景区为例

Cultural Tourism
—Case Study of the Buddhism Cultural Tourism Resort Wuxi Lingshan

郑子丰　赵晟宇
Zheng Zifeng　Zhao Shengyu

[摘　要] 近年来，随着我国经济的飞速发展、人民生活水平的稳步提升及精神文化需求的日益旺盛，文化旅游产业蓬勃发展，不断推动城市发展。然而，在全国文化旅游开发蜂拥而起之时，缺乏特色、同质化竞争等问题突显。本文以特色文化旅游发展较为成功的无锡灵山景区为例，探索其在推动城市可持续发展方面的成功做法，以得到有助于各地城市发展文化旅游的方向与启示。

[关键词] 佛教文化；文化旅游；城市可持续发展

[Abstract] In recent years, with the rapid development of China's economy, the steady improvement of the people's living standards, the increasingly strong needs of spiritual and cultural, the cultural tourism industry promote the development of city. Howeve, in the rush of cultural tourism development, the problem of lack of features, homogeneous of competition are highlighted. Based on the Wuxi Lingshan scenic area as an example to explore the successful practices in the promotion of the sustainable development of the city, in order to promote the orientation and enlightenment of the city cultural tourism development.

[Keywords] Buddhist Culture; Cultural Tourism; The Sustainable Development of the City

[文章编号] 2016-70-P-044

1.环太湖旅游休闲带建设规划图

一、引言

中国传统文化的核心是尊重自然环境、倡导"天人合一"，今天我们仍可以此指导城市规划与建设中各系统之间关系的均衡、协调、统一，以实现城市的可持续发展。

文化旅游作为我国的朝阳产业，积极挖掘和整合城市的历史文化、人文风貌与资源特色，因地制宜且顺应时代趋势而生，与整座城市的发展融为一体，成为"绿色GDP时代"产业发展的重要方向，为城市可持续和谐发展增添内生动力。文化旅游作为近年来重要的城市发展理念，旨在合理引导城市规划，促进城市可持续发展。

无锡依托于深厚的佛教文化资源及山、海、湖等优质自然资源，以"佛教文化"为核心主题，大力发展佛教文化旅游产业，全力打造成为世界级佛教文化旅游圣地，带动无锡经济和城市发展进入一个新的台阶。本文以灵山景区为例研究佛教文化在无锡文化旅游发展中的重要意义及佛教文化旅游产业是如何推动城市可持续发展的，希望为今后城市文化旅游发展提供借鉴与启示。

二、文化旅游产业对城市发展的重要意义

"文化旅游"是旅游活动和旅游产品的一个重要类别，世界各国没有对其进行统一的定义，核心概念是指一种以文化为载体，以追寻文化精神、体验文化传统，发掘文化内涵为目的的旅游活动。

随着我国旅游业乃至世界旅游业的蓬勃发展，文化旅游产品以其丰富的文化内涵、相当的发展规模和精深的人文底蕴独占鳌头，其地位和作用日益凸显，对城市发展有着极其重要的影响。

第一，文化旅游产业是综合性、劳动密集型的服务性产业，产业链综合性强、关联度大，广泛涉及并交叉渗透到相关行业和产业中，与文化、餐饮、住宿、商业、建筑工程、交通运输、园林景观、工艺美术、金融、保险、通讯、广告媒体、农副业等动态联系，对各相关产业的经营管理、组合配套、升级换代产生积极影响，促进产业结构的优化升级，带动社会就业，城市经济增长极，从而推动社会经济全面发展。

第二，文化旅游作为中国第三产业中最具活力与潜力的新兴产业，在开发建设及营运过程中能够增强城市内外部物质、能量、信息、人口等的流通，形

成一个开放的动态系统，其与城市的协调发展是驱动城市化发展的一种新型城市化道路。一方面，将文化旅游功能与旧城改造和工业遗产转型相结合，以此作为城市改造和振兴的突破口，引导城市用地功能多样化和空间布局合理化，改善城市基础设施，增加游憩空间，美化城市环境，提升城市形象，有利于推进城市化；另一方面，"大旅游区"建设将推动城郊、城市新区的发展，扩大城市空间规模，并在一定程度上限制城区的无序扩张，不断加快旅游区旅游功能及其相关产业的建设，促进劳动力向第三产业转移，缩小城乡差距，促进城乡和谐发展。

第三，文化是城市之魂，文化力是城市竞争力的重要指标，因此，近年来世界各国城市越来越重视对自身历史文脉的尊重，并依托其深厚独特的文化资源、人文风貌与旅游相互融合，创新发展特色文化旅游产业，在传统文化与现代文明的交织互动中培育城市"文化品牌"，以其独具魅力的文化韵味和精神气质产生强大的吸引力和影响力，并积极发挥旅游对城市人居环境品质的改善及对城市文化品牌的推动效应，打造"城市名片"，提升城市国际知名度，最大化发挥城市"文化品牌"这种无形资产所蕴含的无限

2011年建设项目	
■ 旅游度假区	
1	十八湾山水农家度假区
2	马山山水农家度假区
3	山水城山水农家度假区
●	其他项目
4	灵山耿湾禅修基地
5	阖闾国家考古遗址公园

2012—2013年建设项目	
■ 市级休闲娱乐区	
1	蠡湖新城休闲娱乐
2	金城湾休闲娱乐区
3	襄泽路山水西路休闲娱乐区
■ 旅游度假区	
4	贡湖湾都市休闲旅游区
●	其他项目
5	旅游集散中心
6	游船码头群
7	旅游休闲商业街区
8	南泉国际级游乐公园
9	蠡湖新城五星级酒店群
10	马山大湾五星级酒店群

价值和商机。

三、灵山景区佛教文化旅游发展成功之路

1. 发展背景

"十二五"时期,无锡以"国际化旅游休闲目的地"为目标,根据"七区一体、一体两翼"的总体规划格局大力发展"旅游城"。按照无锡旅游资源的空间布局,规划建设四大旅游休闲度假区(蠡湖旅游休闲度假区、宜兴湖滏综合旅游休闲度假区、江阴华西村—滨江黄山旅游休闲度假区、太湖(环梅梁湖)旅游休闲度假区)、全面提升三大品牌景区(灵山景区、鼋头渚景区、惠山景区),形成大旅游发展新格局。

马山国际旅游岛作为无锡旅游核心区域地处太湖旅游休闲度假区,规划范围为太湖旅游度假区行政范围,面积65km²,依托马山独特的自然山水风光及佛教文化等深厚的文化底蕴,目标打造成为"山水风光与人文气息相互交融、国际元素与本土文化相得益彰、区域影响力与国际知名度同步提升的世界级旅游度假胜地"。根据"马山国际旅游岛总体规划

(2012—2030)",总体定位为休闲度假、禅修祈福、吴都怀古、康体养生、美食购物五大核心功能,规划形成"湖山半岛、一带三湾、一佛一都"的空间结构,突出"一山一镇一都"的建设重点:

"一山"即胜境灵山,位于马山岛33km²区域,以东方禅意和江南山水意境为特色,以修身养性、绿色生态为导向,打造21世纪佛教文化新胜地;

"一镇"即马山新镇,位于马圩20km²区域,通过提升度假功能、丰富服务设施、完善生活配套,营造集康体养生、亲子娱乐、顶级演艺、国际赛事、名车体验、会议会展、美食购物等功能于一体的国际旅游生活新模式;

"一都"即吴韵古都,位于十八湾12km²区域,深入挖掘历史文化遗产,传承春秋吴文化,展示吴地风韵,结合民俗体验打造文化旅游新产业。

而灵山景区在无锡"大旅游"发展的新格局和太湖旅游度假区的发展战略下,作为马山国际旅游岛建设的龙头项目,将以国际化视野创造景区的功能体系与旅游产品,建成华东地区著名的佛教朝觐圣地、长三角最适宜养心度假的佛教文化群落、中国最具魅力的当代佛教文化集聚区、世界佛教文化交流中心,

成为提升无锡旅游竞争力和城市影响力的品牌景区,对于引领和支撑无锡"旅游城"的整体发展有着重大战略意义。

2. 成功之路

创建于1994年的无锡灵山景区,经过近20年的蓬勃发展,目前已成为中外闻名的佛教文化旅游胜地。每年吸引海内外游客达350万人,成为一张响亮的城市名片,提升国际知名度,为无锡地方经济和城市发展带来了积极的影响。而灵山景区佛教文化旅游开发能够取得今天辉煌成就的成功之处在于其前期创新的策划定位、合理的规划设计及后期出色的品牌营销。

(1)创新的策划定位

无锡自古山水资源丰富,集江、河、湖、泉、洞之美于一身,是江南文明发源地之一,同时融合宗教文化、红色文化、客家文化于一体,而佛教文化在无锡已有上千年的历史,崇安寺、南禅寺、开元寺等佛教寺庙建筑遗存丰富,客观上为佛教文化旅游资源开发提供了条件。

灵山胜境位于无锡西郊的太湖国家旅游度假区,背靠小灵山,面临浩瀚太湖,左挽青龙山,右携白虎

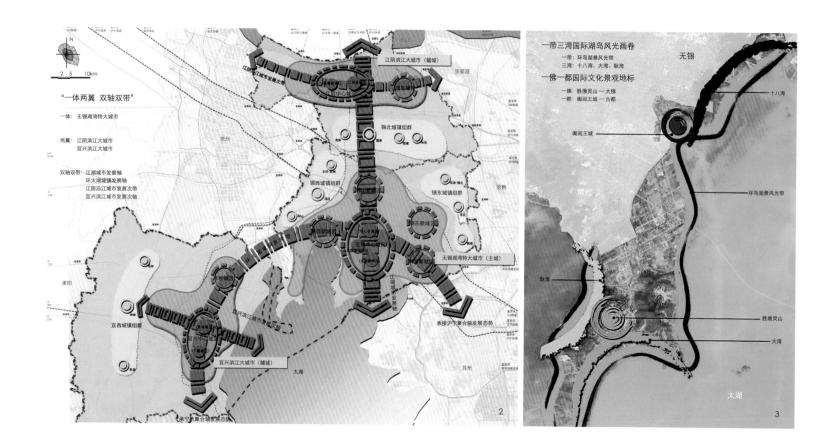

山，自然环境优美，区位交通良好，且地处中央电视台影视基地和鼋头渚两大旅游项目之中，所在区域旅游资源相对集中，具备一定的旅游资源基础和旅游客源基础，有着较好的发展空间与发展潜力。

另外，近年来无锡经济蓬勃发展，为了保持经济的可持续增长，同时满足现代人对传统文化的精神需求以促进社会的和谐发展，在国家大力支持发展旅游的政策背景下，积极推进文化旅游新兴产业的发展成为无锡城市发展的重要方向。

因此，本项目在风景绝佳的太湖之滨，依托无锡千年文化底蕴和经济社会的繁荣、城市发展的需求，将历史文化、自然山水和现代文明完美结合，在千年古刹祥符禅寺的历史遗址上汇集佛教文化之精髓，开创出符合时代特色、极具生命力的佛教文化旅游胜地。

（2）合理的规划设计

灵山景区占地约40km²，其整体规划是以"佛教文化"主题为出发点进行的创造性设计。

景区共分三期开园，总体规划布局形成"佛"、"法"、"僧"三宝的格局，一、二期工程与三期工程共同形成景区的三条主要纵轴线，即中央是以"佛"（代表显现佛祖四相成道的过程）为主题的主轴线，东西两侧分别是以"法"（代表佛法，佛教之精髓）和"僧"（代表修行）为主题的轴线，三者共同构成整体景观的基本框架，并结合三大主题的深刻寓意规划布局核心项目。

主轴线规划以88m高灵山大佛（目前世界上最高的青铜佛像）为核心的一期工程，以及包括九龙灌浴、菩提大道为主体景观的二期工程；东侧规划布局灵山梵宫、梵宫广场、五印坛城三大主体景观的三期工程；西侧为灵山禅修中心、慈恩宝塔、灵山佛学院三大配套项目和相关辅助建筑组成，三期工程进一步完善了景区配套设施建设，实现了整体结构与功能的优化提升。

灵山景区的规划蓝图不断扩大，规划产品和业态不断创新，但景区整体的规划布局、建筑形态、园林景观、游憩体验等都以佛教文化为主题打造，体现出佛教文化的灵魂和意蕴，成为集生态旅游、度假休闲、康体养生、禅修体验、商旅会议等多元功能于一体，独具东方禅意特色、江南山水意境的文化旅游发展典范。

（3）出色的品牌营销

多年来，伴随着旅游项目的开发建设节奏，灵山景区通过一系列营销事件卓有成效的塑造出"灵山形象"，奠定了灵山的"文化品牌"。不论是灵山佛乐团、灵山书院、灵山慈济会等文化体验平台的相继成立，"世界佛教论坛"等会议论坛的成功举办，还是"新年敲钟"、"佛诞法会"大型节日庆典，以及"灵山文化节"、"灵山盛会"等一系列原创性宣传活动的持续推动下，都充分彰显出灵山佛主题文化的独特魅力，强力塑造出灵山佛教文化胜地的形象，把灵山推向了世界。

四、无锡灵山佛教文化旅游推进城市可持续发展

文化是旅游的灵魂，无锡灵山景区深度挖掘利用佛教文化旅游资源，以佛教文化为灵山景区发展的动力机制，以创新的策划定位为起点，后期规划建设及品牌营销都紧密围绕这一主题定位展开，形成一系列特色文化旅游产品，实现了文化旅游与城市发展的耦合与互动，促进灵山景区的蓬勃发展和无锡城市的可持续发展。

第一，文化旅游产业与延伸产业联动发展，是城市新的经济增长极。

无锡是中国民族工业和乡镇工业的摇篮，一直以来工业是国民经济的主体，其现阶段支柱产业主要有高档纺织及服装加工、精密机械及汽车配套工业、电子信息及高档家电业、特色冶金及金属制品业、精细化工及生物医药业等。近年来，为了保持城市经济可持续增长，促进社会和谐发展，文化旅游产业成为无锡产业转型、结构调整的重要抓手，因此，无锡将

文化旅游作为城市发展新的内生动力和支柱产业来培育。

无锡灵山胜境通过近20年"大旅游"发展战略，已成功打造为集旅游度假、休闲养生、文化体验、会议论坛等于一体的大规模综合性旅游区。灵山景区以旅游业促进无锡城市经济转型发展为长期目标，在开发过程中全方位整合食、住、行、游、购、娱等要素，完善旅游产业体系，同时拉长产业链，打造多元产业集聚区，实现产业延伸与产业联动，促进文化旅游业与相关产业共同发展，以发挥旅游业在城市经济建设中的先导作用。在这样的发展驱动下逐步形成"有限灵山，无限产业"的大文化、大品牌、大产业格局，坚持以文化旅游为龙头，加快拓展旅游衍生产品，带动各产业要素集聚，实现多元化发展，即围绕灵山景区丰富的旅游产品形成了灵山素食、灵圣泉水、香烛工艺品、旅游纪念品、旅游营销创意等产业，并延伸产业链构建了旅游休闲、生产制造、商业流通、主题地产和文化创意5大产业板块，打造出马山国际旅游岛独具特色的旅游产业链，形成产业高地。至2015年其旅游综合收益达50亿元，带动相关产业收益近300亿，极大地提升了产业链价值、提高了旅游综合效益。

灵山小镇·拈花湾是文化旅游与房地产联动发展典型案例。

在灵山景区旅游发展的集聚效应和规模效应下，文化旅游产业与房地产业有机结合规划建设高端复合地产——灵山胜境五期工程"灵山小镇·拈花湾"。

拈花湾位于马山耿湾片区，规划面积约1 600亩，建筑面积35万m²，总投资约50亿元，邀世界一流团队共同打造而成。本项目以休闲养生"禅文化"为主题，尊重太湖山水的自然肌理，通过点、线、面的处理手法，将耿湾河流分为"上、中、下"游，通过多种形式组织水系空间形态，营造"新时尚东方秘境"的禅意生态魅力，并利用现状独特的山水条件、景观风貌和文化资源，将基地划分为"山村"和"渔村"两个主题风貌区，通过创意、创新、创造，构建最具东方禅文化内涵、禅意特色的精品文化小镇，开创出世界心灵度假休闲旅游全新模式。

灵山小镇·拈花湾是集吃、住、行、游、娱、购丰富业态和主题文化体验为一体的大规模旅游综合体，规划有禅意主题商业街区、生态湿地区、度假物业区、论坛会议中心区、高端禅修精品酒店区以及国际大师操刀、可供千人禅修的大禅堂，所有的建筑、景观及细节设计深度融合东方禅文化内涵和禅文化特色，一片瓦、一丛苔藓、一堵土墙、一块石头、一排竹篱、一个茅草屋顶等都精致演绎"禅意"的自然古朴，打造出一个文化特色彰显、生态环境优美、功能业态齐全的"世界级禅意旅居度假目的地"，成为无锡马山国际旅游岛的新地标。

拈花湾作为灵山文化旅游产业与延伸产业联合发展的产物，随着2015年5月一期工程的建成开放，其产业之间相互联动发展的模式带来了巨大的经济效益，成为文化旅游产业作为城市新的经济增长极的成功案例。

第二，旅游发展与城市建设融为一体，文化旅游是驱动城市化发展的重要因素。

无锡旅游资源丰富，随着近年来"旅游即城市"的"大无锡"城市发展战略的实施，自然山水、历史文化与现代文明交相辉映，城市规划形成"七区一体、一体两翼"的旅游发展格局，使得城市旅游空间拓宽、旅游规模扩大，旅游的发展不断推动城市整体规模的扩展，促进城市空间结构的完善，改善城市环境和景观格局，与城市规划及城市化建设融为一体。

以灵山景区主题公园为代表的特色文化旅游区的成功开发，使马山国

7.禅意韵味精致设计-竹篱笆
8-10.禅意景观打造
11.禅意韵味精致设计-竹篱笆
12.意韵味精致设计-茅草屋顶

际旅游岛这颗无锡明珠逐步形成年游客接待能力约1 000万人次、年旅游综合收入达50亿元的经济新航母。在马山国际旅游岛发展过程中推动城市大量农业用地转为城市用地，并不断完善和优化城市基础体系：一方面，带动基础设施和配套服务设施建设，如积极推进无锡轨道交通1号线、2号线至马山延伸段和苏锡常南部高速公路跨太湖通道项目，拓宽提升十里明珠堤、环山西路等旅游交通道路，完善市区与马山区间的交通体系，从而优化服务功能、扩大对外影响；另一方面，更好地把马山国际旅游岛大景区开发与无锡城市生态建设和环境保护有机结合起来，做好清洁生产、林相改造、绿化美化、水环境整治等重点工作，建成一批特色林荫大道、特色花卉旅游步道等，培育城市可持续发展的资源优势，这些旅游开发建设举措不断地完善了城市功能，限制了城区的无序扩张，推进郊区城市化进程，促进城乡和谐发展。

第三，特色主题文化彰显城市独特魅力，是城市可持续发展的驱动力。

品牌形象是一座城市内在底蕴与外在表现的综合体现，灵山景区通过佛教文化主题、文化内涵的挖掘和提炼，并借助"五方五佛"的理念创新开发，既将灵山大佛与其他四大圣地的佛像相提并论以提升自身的影响力，同时又填补了区域佛教文化主题的市场空白，打造出核心竞争力，这样具有唯一性和原创性的主题文化创新之路将其发展为世界级佛教文化旅游胜地。灵山景区的成功开发将"寿佛文化"发展成为无锡整座城市的旅游文化品牌，极大地提升了无锡的城市知名度和国际影响力。

因此，通过发展文化旅游来提升城市文化品位和核心竞争力的关键是构建主题文化。深刻挖掘地域特色文化资源，形成主题文化吸引核，运用主题文化发展理念实现特色文化与旅游景区的复合嫁接，来统筹考虑整个旅游项目的文化展示、建筑设计、景观营造、品牌营销等各个方面，逐步构建景区主题文化旅游系统工程，通过主题文化创意发展战略铸造出一个具有生命力、吸引力、影响力、竞争力的文化旅游名牌，最终充分发挥旅游品牌对城市文化品牌打造的推动作用。

五、结语

中国改革开放30多年以来经济保持飞速发展，很多经济较为发达的城市都是以第二产业为主导产业的工业城市。然而，从国际经验来看，经济转型升级是实现持续快速发展的必然趋势，提高资源生产率、培育新的经济增长点对于城市经济发展将产生巨大的推动作用，因此，文化旅游产业作为我国新型经济应运而生并蓬勃发展。

无锡，抓住时代发展机遇，深入挖掘并高度整合城市自身自然资源和文化资源，创新提出"佛教文化"核心主题，灵山景区从前期创新的策划定位、合理的规划设计及后期出色的品牌营销整个发展历程都以佛教文化为发展之魂，紧密围绕这一主题文化形成特色旅游产品，开创出一条独具特色的佛教文化主题园区之路，经过近20年的努力发展，打造成一个"精品灵山""文化灵山"，灵山景区文化旅游的成功开发在促进无锡城市经济增长、树立无锡城市文化品牌、推进无锡城市化进程与可持续发展方面作出了

重要贡献。

文化与旅游的融合是未来城市发展之趋势，本文希望借由对灵山景区佛教文化旅游发展的探索作为抛砖引玉，以期我国各地城市走出自己的创新发展之路。

参考文献

[1] 匡健. 无锡城市旅游发展研究[D]. 江苏：苏州大学，2006.

[2] 虞虎. 基于TOPSIS法的旅游与城市协调发展研究：以合肥市为例[D]. 安徽：安徽师范大学，2012.

[3] 张建玲. 无锡旅游文化产业发展战略研究[J]. 现代经济，2009 (8)：50-51.

[4] 匡健. 无锡城市旅游形象塑造探讨[J]. 无锡商业职业技术学院学报，2006 (6)：109-110.

[5] 黄震方，俞肇元，黄振林，等. 主题型文化旅游区的阶段性演进及其驱动机制：以无锡灵山景区为例[J]. 地理学报，2011 (66)：831-841.

作者简介

郑子丰，苏州科技大学城市规划硕士；

赵晟宇，上海世联房地产顾问有限公司战略事业部总经理，西安建筑科技大学建筑学学士，英国纽卡斯尔大学城市规划硕士。

塞上江南
——宁夏银川黄河金岸永宁段概念规划的启示

Conceptual Planning of "Yongning Golden River" Project in Yinchuan, Ningxia

李 娓 鲁 锐
Li Wei Lu Rui

[摘　要]　本文以宁夏银川黄河金岸永宁段概念规划为例，将传统的理水思想，取形—得意—和地—造城在黄河水城选址与空间营造上加以运用，并在此基础上，挖掘和提炼银川黄河水格局和城市特色，从而在银川旅游产业中的角色，希望通过此项目探索理水思想在现代城市规划实践中的应用。

[关键词]　黄河金岸；理水；概念规划

[Abstract]　Taking Yinchuan Yongning Yellow Gold Coast Conceptual Planning as the example, the traditional water management ideas, take shape-proud-and to-to be used in making the city on the Yellow River Watertown location and space to create, and on this basis, mining and refining Yinchuan Yellow River water patterns and urban characteristics, so the role of the tourism industry in Yinchuan, wishing to explore the ideological rationale water use in the modern urban planning practices through this project.

[Keywords]　Golden River; Design with Water; Concept Planning

[文章编号]　2016-70-P-050

一、背景研究

"理水"不仅是我国古典园林中的重要手法，也是城市建设中采取的特色规划手段。在银川黄河金岸永宁段的规划中，如何以"理水"概念连接自然，如何因地制宜、地尽其利，是规划中重点考虑的问题。

1. 项目解读

2009年，宁夏回族自治区常委、政府提出的关于"建设沿黄河城市带，打造黄河金岸"的重要指示，以黄河文化为轴心，建设沿黄河特色旅游景区，打造百里生态绿色景观长廊；通过沿黄河滨河旅游专线的建设，使"塞上江南·神奇宁夏"的旅游品牌得到进一步提升。为了深入贯彻落实自治区党委、政府打造"黄河金岸"的工作部署，完善黄河标准化堤防和滨河大道工程，加快推进银川市沿黄河两岸经济社会发展和生态景观环境建设，规划局开展了编制"黄河金岸（银川辖区段）概念规划工作。

此次"永宁黄河金岸"项目规划提托宁夏实施沿黄城市带的发展策略，有效指导该区域的建设，通过总体规划，形成一体化发展，逐步将"永宁黄河金岸"片区建设成为经济突出、特色城市明显、生态景观优美、文化展示丰富、道路交通便捷的现代化地区。

2. 区位概况

奔流向北的黄河穿过青铜峡之后，在平坦宽阔的银川平原上性情变得舒缓下来。所谓"天下黄河富宁夏"，也正是连绵不息的黄河水将年蒸发量巨大却又降水稀少的银川滋育为如今中国著名的湖城。贺兰山背依巍巍贺兰山阙，面朝滚滚黄河流水。在这里能够听到贺兰山的低鸣，述说千百年的历史传承；黄河的沉吟，孕育了中华五千年的文明，滔滔河水也造就了银川"塞上江南"的美誉。黄河如果说银川是一幅钟灵毓秀，意蕴深邃的画卷，那么黄河金岸当属其中最为浓墨重彩的一笔。

3. 银川旅游发展背景

来自国家旅游局的数字显示，西部地区是中国旅游资源最为富集的地区，资源约占全国总量的40%。2002年到2008年，西部地区旅游总收入增长了2.19倍，达5279亿元，年增长24.5%。随着西部大开发的深入，银川旅游发展迅猛，先后荣获2009年国民休闲特别贡献城市，中国优秀生态旅游城市等殊荣。从2005年至2009年，银川旅游人次和旅游收入增长一倍多，2009年国内游客329.85万人次，旅游收入达28.7亿元，同比增长19.08%。

大银川范围的旅游特色为塞上江南与大漠风光的自然人文特色，大银川的旅游资源类型结构中，历史遗传类、水文类、地文类都占有重要地位。

根据宁夏旅游资源与行政区分，宁夏已经形成了六大旅游区——沙湖旅游区、西夏陵旅游区、金水旅游区、青铜峡旅游区、沙坡头旅游区、六盘山旅游区，六大旅游区资源分类看，特色各异，优势互补，从地域来看，从北到南几乎覆盖了宁夏全境。宁夏旅游主要分为东线和西线，西线旅游景点较多，景点分布比较合理。东线旅游则发展较为缓慢。本案所在的区位属于宁夏旅游的一个"缝隙点"。故而此项目可很好的将东线的各散点连接并对东线旅游有极好的完善作用。

4. 用地范围

永宁黄河金岸项目占地15 000亩，雄踞银川南市版图，坐拥黄河浩瀚的自然风貌景观之地利优势，是建设"大银川"打造沿黄城市群的桥头堡。地块北连银川，南接吴忠，西临永宁，北端与银川河东机场隔河而望，具有便捷的交通联系。

场地多为耕地，场地平坦，沟渠交错，现有水

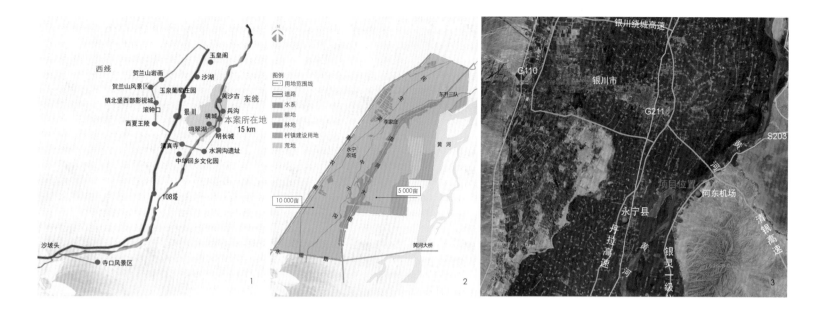

1.宏观旅游流线图
2.现状用地图
3.项目区位图

系丰富，且靠近黄河，灌溉方便，有利于果林生长，场地现有少量居民点，和滩涂地，有利于黄河防护。

二、规划概念

1. 总体开发策略

规模化经营，突出主要特色，以当地特色资源的触媒带动片区发展，使其成为区域发展的增长点。在规划区15 000亩的区域中，通过有形的道路、河流来畅通各个特色片区。游憩带的主要划分依据是游程时间，将距城区约0.5小时游程地带界定为近程游憩带，游憩类型以生态、绿色的休闲活动为主；距城区约1小时游程的为中程游憩带，以城市郊区的小城镇、依托特定自然环境的大型游憩区和主题公园为主；距城区大约2小时的为远程游憩带，以中小城市和特色旅游地为主。以无形的产业配置、业态类型、景观营造联系各片区，使规划区内的旅游景区、景点、旅游线路能如玉带珠串紧密联系。在区域现有自然资源与人文资源为基础，逐步推进开发进程，通过城乡统筹，以村镇建设为先导，带动西部乡村旅游。以生态保护为基础，打造黄河水上旅游航道，通过环境整治和景观塑造，形成银川打造"黄河金岸"大背景下的区域亮点。

2. 技术路线

取形—得意—和地—造城，本质是理水，实现九曲黄河、韵味三城的格局。

（1）取形

"永宁黄河金岸"项目是截取黄河九曲十八弯的形态，在场地内部塑造了一条蜿蜒曲折的小黄河——"九曲黄河"，九曲黄河微缩景观将以"九曲黄河十八弯"为蓝本打造。并形成开、合变化的水域，为项目进一步设计提供了绝佳的景观资源。

（2）得意

由形而达意充分展示"九曲黄河"底蕴深厚的历史文化背景，变化多样的城市滨水空间，和源远流长的历史文化景观资源。

（3）和地

和谐使用土地，充分利用盐碱地滩涂地进行开发建设；坚持低密度的生态开发，保留并充分利用场地原有的绿地以及水系，通过规划改造将景观系统能延伸入场地内部，形成有序的、集中的绿化系统与景观通廊。

强调片区内连续的滨水景观带与绿化生态带的规划设计，通过景观轴与景观带串联各个特色片区，将规划区内的旅游景区、景点集中设置于各条主要景观轴沿途，形成风格各异的旅游线路。

（4）造城

以"一河连三城"的概念，展开设计。场地内景观河道自北向南将不同功能的城市片区有机串联起来，三城分别是以生态度假为主的"绿韵水城"、民俗旅游为主的"雅韵古城"、商务旅游为主的"今韵尚城"。九曲黄河自北向南将不同功能的城市片区有机结合，分别有以生态度假为主的"绿韵水城"、以民俗旅游为主的"雅韵古城"、以商务文化为主的"今韵尚城"；三城核心分别区向东西辐射成三轴："生态观景轴"、"历史观景轴"与"文化观景轴"交汇于333hm²的生态运动区。"一水连三城，三轴接四区"，经纬分明，结构清晰。

通过与场地自然条件的结合，三城的不同定位使"永宁黄河金岸"7km长的南北城市带避免了功能上的雷同以及形式上的单一。

三、愿景及规划策略

1. 一带——九曲黄河（滨水带）

黄河林草、滩涂地、自然生态保护旅游带，体验壮美的黄河文明。通过对黄河沿线原生态的自然风貌进行保护和修缮，水清鱼肥、绿树成荫、风摇鸟飞相映成画，原汁原味的呈现出"塞上江南"盛景，令

4.生态运动公园
5.理水概念图
6.用地规划图

游客置身其中，忘却都市的喧嚣复杂、荡涤都市人躁动的心灵；并融入部分人文景观，传达出黄河文明的博大韵味，将人们的思绪回归到最具历史内涵的精神领地。春夏，游客感受绿草如茵塞上风光，以及漂流、滑草、户外探险带来的乐趣；秋冬，可尽情享受冰上运动和妖娆的北国景象，并可在水上集市上体验东方威尼斯的独特韵味。

2.一园——生态运动公园

黄河湿地犹如银川城市的"绿肺"，在维持生态平衡、保持生物多样性以及涵养水源、蓄洪防旱、降解污染调节气候、补充地下水、控制土壤侵蚀等方面均起到重要作用。生态保护区在保护黄河自然风貌的同时，打造以休闲旅游为特色，观光、度假、运动为主要功能的区域。

游客白天可在塞北的广阔草原里进行野外生存、定向运动、骑射、和射击枪战等多项户外运动，娱乐身心，感受自然，其乐无穷。夜晚可住在湿地公园酒店内，参与民族特色的晚会，观看黄河主题的音乐剧，品味宁夏土特产。民俗风情，精彩演绎银川昼夜不停的闲适时光。

片区延续了古城历史文化轴，并延伸到黄河沿岸，形成贯穿"永宁黄河金岸"东西方向的连景观轴线，使场地与黄河的关系更加密切。在黄河沿岸的景观规划上，除标准的堤防外，设置了两处大型的观景平台，以连续的景观步道或自行车观景道串联黄河沿岸的重要景观游览线路。国际18洞高尔夫球场的设计理念将坚持低密度的生态可持续开发，保留原有的大片林地，并将原有的水道引入片区，形成特色的黄河湿地球场与大面积生态湿地公园结合的绿色景观片区。

3.三城

（1）绿韵水城

水网如织，绿意快然，是一座适合避暑、度假、养老的水上生态度假城。水城突出"水陆掩映，环水而居"的特色，其中设置了半岛风情街、水街水巷、水浴休闲、水上景观、水

九曲黄河微缩景观将以"九曲黄河十八弯"为蓝本打造

图例
用地范围线　　生态度假
道路　　　　　塞上江南
商业服务　　　体育休闲
现代文化　　　防护绿地
地域风情　　　公共绿地
文化名城　　　水域
商务旅游

10 000亩

5 000亩

黄河

惠农渠

滨河大道

永福路

黄河大桥

N

5

6

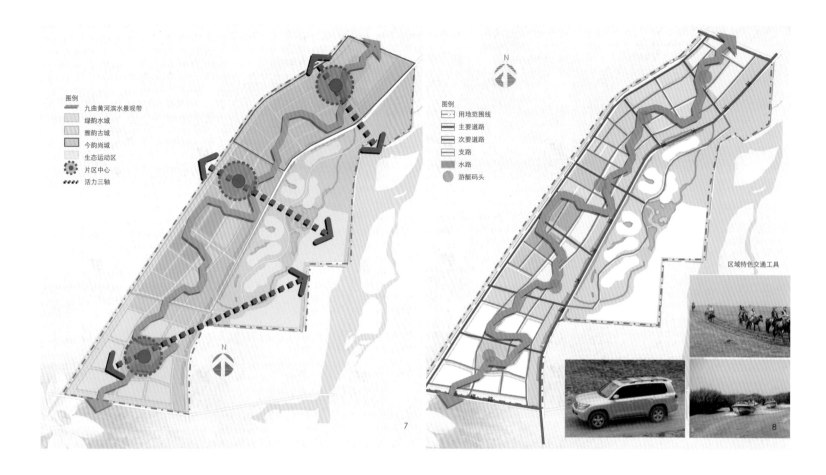

上家庭度假屋等各种具有特色的生态旅游项目。依照地势坡度差异，通过科学规划最大限度保护土地，减少水土流失，并与周围景观相得益彰。以中式风格，突出其质朴而轻盈，融于山林之间，回归自然追求本色的内涵，打造生态宜居的休闲度假区。

水城风情使建筑有机和周围自然景观巧妙结合，将得天独厚的自然环境和深厚的人文底蕴完美融合，结合地势或沿河而建，或环水而筑，布局错落有致；组团间以大型生态景观相隔，在社区内营造风格迥异的特色景观；既实现了一衣带水的整体性、又避免了机械复制的审美疲劳，处处如画，真正实现回家就是从公园开始，从此家园和公园再无边界。

以水城风情街为起点，串联不同类型的生态公园，形成一条以安居、养心、接近自然为主题的体验之旅。水城风情街真正实现回家就是从公园开始，从此家园和公园再无边界的境界。水城除了基本的生活配套服务外，设置了水疗休闲中心、美食街、商业街、国际学校、文化馆等多种集合旅游、文化娱乐功能的公共服务设施，将水城打造成多功

能的城市组团。

水城以生态度假，安逸消闲作为主要的功能定位，区域中以大面积的水域和生态绿地为背景，其中点缀组团形式的休闲度假村业态、商业业态，采取低密度的开发，确保区域的居住环境品质。局部开发小高层组团作为青年旅馆、青年公寓、老年公寓等分时度假业态开发，可采取短租或出售等多样的管理方式。

（2）雅韵古城

以地域风情旅游为主的"外城"和城池布局为主的"内城"。内城结合当地的历史串联怀古为主的旅游景点，想成以塞上黄河历史主题的人文景区。百亩果园与良田，"雅韵古城"的外城是富有当地民俗风情为主题度假区，响应国家新农村建设和乡村风貌改造，依托现有的村落，开发水畔农家乐、乡村酒庄、民俗美食街和农业观光园等特色项目，以体验到原汁原味的回乡人民的生活。这里是一片世外桃源，是都市中的一片净土。

以古城中心戏台广场为起点，串联不同类型的

博物馆群，以河景球场收尾，使古韵建筑、得天独厚的黄河景观以及深厚的西部人文底蕴完美融合。通过此轴，可感受古建筑因地而势、沿河而建或环水而筑的错落布局，摆脱大都市的压抑，体验人性化的城市尺度。

古城地域风情区的建筑布局采用古代街坊的布局方式，形成多条相互关联的轴线，将风情区分割为功能不同的区域，中心的古戏台广场将成为重要的表演、集散、交流的公共空间。其中东西方向的轴线穿越滨河大道，连接运动球场区，并一直延续到黄河沿岸，是一条集合了文化景点与自然景点的重要轴线。

水网如织，绿意快然，是一座适合避暑、度假、养老的水上生态度假城。水城突出"水陆掩映，环水而居"的特色，其中设置了半岛风情街、水街水巷、水浴休闲、水上景观、水上家庭度假屋等各种具有特色的生态旅游项目。依照地势坡度差异，通过科学规划最大限度保护土地，减少水土流失，并与周围景观相得益彰。以中式风格，突出其质朴而轻盈，融于山林之间，回归自然追求本色的内涵，打造生态宜

居的休闲度假区。

（3）今韵尚城

尚城"永宁黄河金岸"片区的重要门户区域，规划
了大面积的绿地广场、标志性的建筑。

区域中的酒店组团有多种形式，观景型酒店、地标
性的星级酒店、与商业办公结合的商务型酒店、贵宾接
待中心等，满足多种旅游需求。文化娱乐建筑将结合水
景规划，结合滨水的开放空间形成游人体验银川文化生
活的重要旅游线路。

以九曲黄河的缩影景观为依托，给人们时光流水、
时空穿梭的别样体验。爱国主义基地观景平台以地标性
的旅游集散中心为起点，漫步繁华的商务旅游区，最终
到达生态公园之观景平台，展现人类将城市文明与自然
和谐相处的独特景观。处处都体现着黄河的活力，时时
享受超值的惬意，精彩演绎着黄河岸边的闲适时光。

五、结语

塞上江南概念规划强调人和自然和谐相处，主张人
去先适应自然并适当改造自然，而不是破坏自然。九曲
黄河韵味三城的空间营造充满了理性思想的智慧，这是
它特有的黄河记忆，也是银川最为响亮和夺目的"黄河
名片"。希望本次规划实践，能够对于今后城市建设中
城市理水格局、城市用水特色的营造，城市水脉记忆的
延续，尤其是"水元素"在新的城市文脉延续起到借鉴
和参考的作用。

参考文献

[1] 张慧子. 浅谈中国古典园林理水艺术. 文教资料，2014.33.

[2] 顾建波，刘泉. 顺水筑城理水融城用水活城. 城市发展研究，2014.4.

[3] 上海诺德建筑设计有限公司. 宁夏银川黄河金岸永宁段概念规划.

[4] 李文霞. 论中国古典园林理水的营造手法. 城市建筑，2014.4.

作者简介

李　娓，上海诺德建筑设计有限公司，城市规划所，项目经理；

鲁　锐，上海诺德建筑设计有限公司，总经理。

风与水环境的设计
Design of the Wind and Water Environment

1.风貌片区鸟瞰图
2-6.吴江文庙及其他传统建筑图
7.吴江城区历史元素（复原）分布图

垂虹胜景 东门老街
——吴江松陵老东门历史地段修建性详细规划与城市设计

The Spectacular Sight of Chuihong Bridge and the Historic Street of Laodongmen
—Constructive Detailed Planning and Urban Design for Laodongmen Historical Site in Songling, Wujiang

黄 燕
Huang Yan

[摘　要]　江南水乡的河网与水街是承载居民生产与生活的空间要素，是自然气韵与城镇环境氤氲流转的基本脉络，是历史遗迹与现代生活相互交融的重要载体。本文介绍了苏州吴江松陵老东门历史地段修建性详细规划与城市设计，突出历史地段的保护与更新、江南水街格局与垂虹古桥遗迹的保护与复兴，强调在延续传统的水街空间格局的同时，将历史地段作为一种动态的城市遗产，力图通过历史地段的保护与更新实现街区繁荣、环境舒适和社区和谐的目标。

[关键词]　历史地段；保护与发展；水街格局；动态城市遗产

[Abstract]　The rivers and alleys of the Watery Region south of Yangtze River have been the spatial elements of the people's survival, the basic arteries between Mother Nature and civilization, as well as the communication carrier of the history and today's world. This article is mainly about the constructive detailed planning and urban design for Laodongmen historical site in Songling, Wujiang. It emphasizes the protect and regeneration of historical site, the pattern of the creek lanes and the relic of Chuihong Bridge. Meanwhile, as a dynamic heritage, the planning attempts to build a prosperous and harmonious community.

[Keywords]　Historical Site; Protection and Development; The Pattern of the CreekLanes; Dynamic Heritage

[文章编号]　2016-70-P-056

一、引言

本文从一个关注历史地段保护与更新的规划项目着手，试图通过对传统建筑、水街空间格局的保护，在居住环境整治和基础设施更新的过程中维护城市个性，保留集体记忆，在保护与更新发展中寻求平衡，在人与环境、历史与现代之间寻求和谐，也是对现代风水规划的一种解读。

二、规划背景

1. 滨湖而兴的城区发展背景

苏州吴江位于太湖之滨，是河网交织、湖荡棋布的江南水乡。吴江历史悠久，素有"鱼米之乡"、"丝绸之府"的美誉。2011年以全面建设"乐居吴江"为战略目标，推行新城区建设与老城区改造并举的空间战略，在规划滨湖新城、拓展发展空间的同时，注重现有城区的空间品质提升、民生质量改善和历史文化保护。老城区改造中着重于民生改善，而城市历史地段的改造是其中一项重要内容。

2. 因水而盛的地段历史脉络

苏州吴江松陵老东门历史地段总面积70.1hm²，其中，作为核心保护地段的盛家库地区面积26.6hm²。

老东门历史地段自明清因航运与商贸而盛，至民国和建国初期因交通不便而衰，至今仍完好地保持水陆相织、河与街平行的传统江南水街空间格局。

水主动，桥为其关锁，沟通连结，动静结合。"江南第一长桥"垂虹桥[1]遗址位于盛家库北部，曾有"长桥跨空古未有，大亭压浪势亦豪"的胜景。垂虹桥自古便具有交通、军事、景观、水文监测、促进商贸发展等多重作用，是江南水乡居民适应环境、与之相互协调的重要元素。

除此之外，地段内拥有众多清末民初所筑的传统建筑，包括吴江文庙等省、市级文保单位共5处。老东门历史地段是吴江老城的缩影，同时，地区面临建筑老化、基础设施落后、居住环境破败等问题。

3. 规划面临的主要问题

（1）保护与整治模式：通过对于建筑质量、年代、用地权属的调查和分析，了解土地使用现状，对历史建筑的保护与整治提出合理的模式。

（2）传统空间的保护与改善：传统水街空间有待梳理；传统民居居住质量有待改善；规划提倡老建筑适应性改造，以应对其在建筑生命周期中的变化。

（3）历史要素的梳理与整体更新：垂虹景区、吴江文庙应该与盛家库地区的更新在空间上融为有机整体。

（4）地区活力的发掘与复兴：传统商业有待复兴，规划也需要注入新的商业与文化内容，提升品质，集聚活力，给地区的发

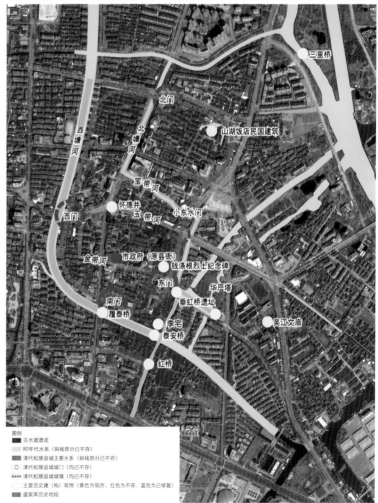

图例
- ■ 古水道遗迹
- ▨ 80年代水系（斜线部分已不存）
- ▨ 清代松陵县城主要水系（斜线部分已不存）
- ○ 清代松陵县城城门（均已不存）
- ▰▰▰ 清代松陵县城城墙（均已不存）
- ○ 主要历史建（构）筑物（黄色为现存，红色为不存，蓝色为修复）
- ■ 盛家库历史地段

图例
- 商业风貌轴
- 文化风貌轴
- 垂虹景观轴
- 水乡风情轴
- 主要入口节点
- 文化景观节点

- 道路
- 水域
- 老街范围
- 规划范围

图例					
H0	商住混合建筑	B3	酒吧或咖啡吧	D4	演艺中心
A1	日用百货建筑	B4	茶室	E	旅馆
A2	土特产商店	B5	会所	F	民宿
A3	文化用品与传统书画商店	B6	健康生活馆	F1	商务办公
A4	小超市	C1	票务中心	F2	创意工作室
A5	旅游纪念品商店	C2	旅游信息服务中心	G	宗教寺庙
B0	商住混合建筑	D1	民俗馆	H1	传统民居
B1	饭店	D2	博物馆	H2	新住宅—独院
B2	传统小吃店	D3	会议/展览	H3	新住宅—联排别墅或叠墅

8. 规划结构图
9. 规划建筑功能分析图
10. 住宅适应性改造示意
11. 规划总平面图

展与更新作出较为准确的定位，使吴江这片较为完整的历史地段焕发新的生命力。

三、规划定位研究

在"乐居吴江"的发展背景之下，将老东门历史地段的保护与更新纳入整体空间体系考虑，通过错位开发，重塑地区生命力。在总体规划的基础上，主要考虑老东门历史地段与滨湖新城、东太湖旅游度假区以及同里镇的相互关系和错位开发，融入吴江整体特色空间格局。

作为新的现代化综合性城区和未来城市副中心，滨湖新城代表着吴江的未来，呈现出后工业化时代的城市面貌，尽展现代都市的繁华；松陵老东门代表着吴江的过去，展现出手工业时代的城市风情，重拾过往历史的魅力。

东太湖旅游度假区定位为以吴文化为基底的，以高端田园为引领的国家级旅游度假区，以自然风景为资源；老东门历史地段的特色在于清末民初的街巷空间、世代沿袭的民间文化、人间烟火的民生百态、刻印历史的文物景点，人文风景是它的核心特点。

另外，与旅游商业气息浓郁的古镇同里相辅相成，老东门历史地段追求闲适、安静、休闲的传统水乡氛围。老东门历史地段首先是服务于吴江区的一个休闲文化街区；同时是滨湖新城、东太湖休闲度假区和同里的游客可以来参观游览的目的地，作为吴江的旅游服务中心，成为串联这些区域的节点。

四、规划策略

现代风水文化可以理解为综合了地理、地质、气象、景观等学科的综合科学，强调顺应自然，有节制地利用和改造自然，创造良好的居住与生活环境，以达到"天人合一"的至善境界。

我们试图通过本规划，传承人与水环境之间和谐关系，并在传统与现代之间寻求一种平衡。通过综合分析与相关案例研究，以"垂虹盛景、东门老街"为主线，对老东门历史地段的保护与更新进行规划定位。总体方案设计以延续历史风貌、复兴地区活力、改善居住品质、挖掘文化内涵几个方面着手，延续江南水乡传统的水街格局，通过公共空间系统的设计，将重要的开敞空间节点与文化景观节点联系起来，打造富于传统文化内涵与浓郁生活气息的特色商业区与和谐居住社区。

从建筑质量、空间质量、市政基础设施等方面着手，改善地区居住质量。保留现状空间肌理，保留传统水街与路街格局，梳理开敞空间、水系与街巷，打造丰富的空间形态。部分修复垂虹桥（包括桥上亭、桥首亭），打造城市名片。吴江文庙对外开放，通过步行道与广场与垂虹景区和盛家库街区联系起来。

1.传承文脉，创建历史文化与休闲文化相呼应的风貌片区

保护历史空间遗存，传承文脉，是规划的首要原则。以此为基础，创建历史文化与休闲文化相呼应的风貌片区。

首先，通过对水街与路街双棋盘格局的延续与梳理，在相应空间节点整合与设置小型开敞空间，将地区内的文物古迹串联起来，形成有机的历史风貌空间体系。

其次，在保护与整治传统居住街区、提升社区居住环境质量的同时，将可利用的土地进行整体规划，塑造与滨水环境相交融的"新江南主义"居住街区，两者在空间体系上和谐相接，延续历史风貌。

另外，恢复典型历史遗迹，通过水系的梳理和历史构筑物的复原，恢复老东门历史地段特有的繁盛水乡风貌。建议通过重建垂虹桥部分桥段的方式，在保存原真性的基础上，将其百米长桥的空间延续感得以重现。修复桥上亭，使垂虹路、垂虹遗址公园甚至垂虹桥段本身都成为观景面。重建垂虹桥南侧的太湖庙，与垂虹桥、华严塔形成一体，重塑垂虹景区的整体空间格局。

2.复兴活力，重塑传统商业与生活方式相融汇的魅力街区

作为明清时期因航运而繁盛的滨水商贸街区，老东门历史地段的商业职能延续至20世纪六七十年代，至今街区内仍保留若干传统店铺，具有历史特色的商业氛围浓缩着老吴江人的集体记忆。规划通过重塑传统商业，引入新的业态，复兴地区活力，重塑传统商业与生活方式相融汇的魅力街区。

建议通过政策扶持和特色活动的组织，展示城市非物质文化遗产。对于现存及重塑的传统商业给予一定政策扶持，通过税收优惠、补贴等方式，复兴老东门历史地段的传统商业氛围。政府、社区或个人皆可在街区内组织特色饮食节、手工艺展销节等活动，将老东门历史地段作为城市传统商业的集合地。

主打文化旅游品牌，使老东门历史地段成为

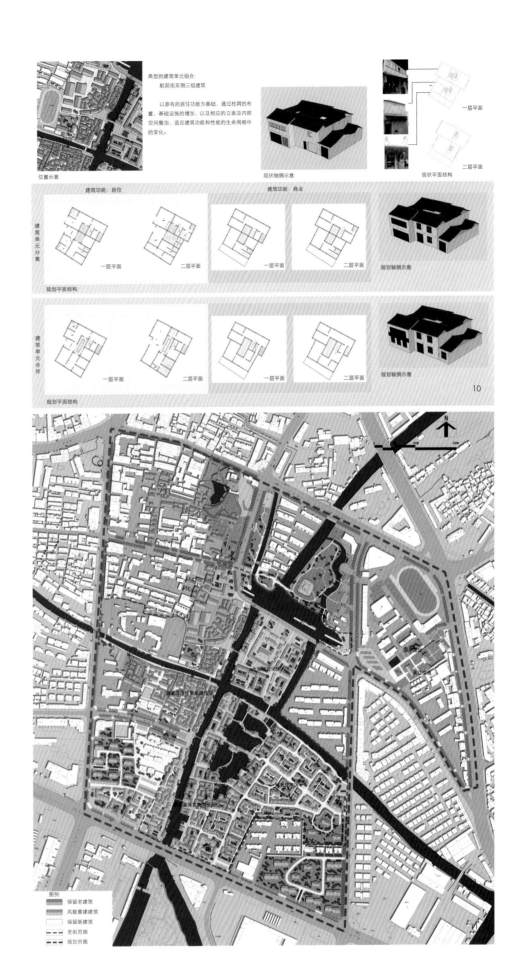

12

文化活动的空间平台和宣传平台。结合宗教与文化纪念场所，展示太湖文化。布置文化名人纪念场所，在空间上体现吴江人文荟萃、英才辈出的特色。在街区内以传统园林和庭院空间为基础，打造吴江戏剧观演中心，将地区传统曲艺发扬光大，成为吴江城市文化活动的亮点。

在街区更新的过程中，通过提高环境品质，促进相应类型的商业活动的空间集聚，积极推动艺术创意商业活动在街区内的发展。老东门历史地段内集中布置服务于吴江以及更大区域的文学、美术、园林艺术等文化活动的教育平台和交流平台。通过传统建筑的改造，布置创意设计店铺的厂、店、居一体化空间。

总体而言，街区内的商业开发提倡饥饿式经营模式，提倡自发的商住功能转换，避免一次性过大规模的商业店铺开发造成空置。充分考虑商业性开发与原生性保护之间、面向游客的开发与面向市民的开发之间、商业购物开发与文化休闲消费之间的平衡关系。

3. 改善民生，打造传统民居与现代生活相结合的宜居社区

通过系统的基础设施改善与动迁安置，整体协调传统民居与现代生活之间的矛盾，改善民生，打造宜居社区。

老东门历史地段内多为清末民初和20世纪50—80年代建筑，由于经年累月没有合理的修葺，建筑质量普遍较差；众多的违章搭建也影响了该地段的风貌。经过多年地区风貌整治工作，部分质量差、建筑风貌与传统风貌不协调的建筑已经被拆除。目前留存建筑产权情况为：40%为政府直管公房，在政策指导下自主处置，按建筑类别保护、修缮、重修、整治，进行功能置换或合理的商业开发。30%为私房，30%为优惠购房，是改造中的难点和重点。规划中要确保产权明晰，权责分明。

同时，规划选取地块完整、拆迁工作基本完成

的区域，建议通过市场运作，在整体地区环境品质提升的基础上，打造"新江南主义"风格的特色居住社区。充分挖掘地块价值潜力，塑造吴江区内品质最高的传统建筑空间与现代生活方式相结合的社区，也为地区保护和更新打来资金运作空间。

4. 延续形态，梳理空间肌理，优化水街景观

虹桥河的两侧，水街与路街平行；水岸两侧的空间布局采用不对称的形式，形成收放有致的空间形态。临水空间有三种处理方式：一是传统建筑贴水岸而建，推窗即见水；二是步行街道临水而行，根据空间的收放设置露天茶座、绿化等，并可沿街设置几处独立的临水建筑，与滨水平台结合，形成标志性的空间；三是重要节点处以小型广场作为空间转换的引导，以及人流集中的活动场所。

根据建筑功能，引导出相应的空间肌理。盛家库传统商业居住区以原有街巷空间和建筑的梳理整合为主，配以居民日常活动所需的开敞空间。新盛家库

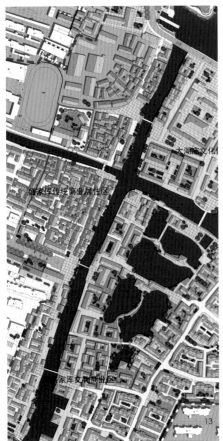

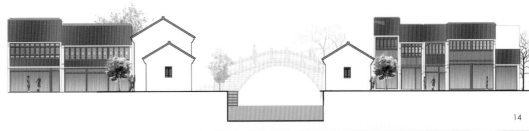

12. "新江南主义" 居住组团
13-16. 水街空间格局

商业文化街区以与水街平行的路街为主干，向街区内部支状延伸小径，营造江南水乡街巷特有的曲径通幽的氛围；不主张出现大尺度的单向平行排布街区。太湖庙文化休闲区及旅游服务接待区以较为舒展的院落为肌理特征，形成围合与半围合空间，创造一定的私密性。特色住宅区以围合式的住宅组合方式，保持江南水乡传统巷道的空间闭合性与连续性。

五、结语

江南水乡的河网与水街是承载居民生产与生活的空间要素，是自然气韵与城镇环境氤氲流转的基本脉络，是历史遗迹与现代生活相互交融的重要载体。对于老东门历史地段的保护与更新，我们采取积极的保护措施，留住城市集体记忆，保护城市文化遗产。试图通过对传统建筑、水街空间格局的保护，在居住环境整治和基础设施更新的过程中维护城市个性，保留集体记忆，寻求现代风水规划中所倡导的天人合一，寻求自然、历史环境与现代生活相和谐的关系，并最终引导历史地段迈向永续发展之路。

注释

[1] 自北宋时期，地处太湖之委的吴江县治松陵镇为古松江一分为二，东门外一片泱泱水域。垂虹桥为便民而建，桥上亭为路人歇息而修，后几经被毁与重修，至1957年列为江苏省重点文物保护单位，时见四十七孔，全长237.6m。后因年久失修部分倒塌，现垂虹遗址由残长32m的元代遗存以及残长49.3m的明代遗存组成。

参考文献

[1] 张松. 历史城市保护学导论[M]. 上海：上海科学技术出版社，2001.

[2] 邓晟辉，姚亦锋. 城市历史地段保护策略研究：以南京明故宫地段为例[J]. 城市问题，2005 (5)：38 – 42.

[3] 林林，阮仪三. 苏州古城平江历史街区保护规划与实践[J]. 城市规划学刊，2006 (3)：45 – 51.

[4] 刘旻. 创造与延续：历史建筑适应性再生概念的界定[J]. 建筑学报. 2011 (5)：31 – 35.

[5] 赵志荣. 历史地段保护的价值观：追求可持续的资源、环境与效益[J]. 城市规划汇刊，1999 (1)：75 – 77.

作者简介

黄燕，上海同济城市规划研究院复兴规划设计所副总工程师，注册规划师。

新时期历史文化村镇的风土聚落发展路径探讨
——以雅安市上里古镇为例

Discussion on the Development of Vernacular Historical and Cultural Towns and Villages in the New Period
—Take the Shangli Ancient Town of Ya'an City as an Example

杨圣勇
Yang Shengyong

[摘　要]　当前历史文化村镇类型的风土聚落面临发展困境，本文通过对新时期风土聚落发展的内涵的思考分析，将其置于历史进程的社会变迁语境中，认为风土聚落的发展更应考量对理想风土聚落模式内涵式的支撑：经济维度的生产生活等功能活动；文化维度的历史文化底蕴与价值；社会维度的社会结构的健康与活力；生态维度的生态智慧技术；形态维度的空间结构与形态要素的协同效应。然后，以上里古镇总体发展规划为例，探讨实践中具有可操作性的发展路径。

[关键词]　风土聚落；上里古镇；空间结构；发展路径

[Abstract]　The vernacular of historical and cultural towns and villages type dilemma, thinking through the connotation of the development of vernacular settlements in the new period of social change in the context of the historical process, that the development of the vernacular should consider the ideal pattern in the Vernacular Settlement of culvert support: Productive life and other functional activities in the economic dimension, the historical and cultural background and value of the cultural dimension, the health and vitality of the social dimension of the social structure, the ecological wisdom of the ecological dimension, the synergistic effect of the spatial structure and the form factor. Then, taking the overall development of the ancient town planning as an example, the paper explores the practice of the development path of operability.

[Keywords]　The Vernacular in Traditional Settlements; The Shangli Ancient Town; Space Structure; Development Path

[文章编号]　2016-70-P-062

历史文化村镇是风土聚落的重要类型，在新常态背景下，诸多历史文化村镇会持续不断地面临保护与发展、转型与升级等问题。当前的风土聚落建设与发展，不仅涉及对"风水"资源环境条件的有效利用，也涉及到对风土聚落环境的修复，更重要的是要应对新旧区风土聚落的整体协调持续发展等问题。

一、新时期风土聚落面临的困境

随着我国城镇化进程的推进，历史文化村镇同时面临内部物质环境老化、社会结构衰退与向外扩展建设的双重矛盾与变化。一方面，传统村镇的物质环境方面老化严重，建筑功能衰退，无法满足居民生活要求，空置老化、无序改造、"拆旧建新"，"拆真建假"等现象普遍，在快速城镇化背景下，村镇老区人口总体处于流出状态，社会结构老龄化空心化显著，村镇空间缺乏活力，或者村镇整体衰败；另一方面，由于老区缺乏有效整治，基础设施陈旧落后，公共设施极度缺乏，大量人口外迁，同时伴随经济发展诉求，城镇化动力的强劲推进，老区功能置换过度等因素，反而向外围扩展建设需求强烈，多数新老区之间呈现迥异的风貌。

多重动力驱动的聚落改造开发和撤并集聚促使原有的自然环境和社会生态系统被打破或改换，历史村镇的农耕文明特征正以极快的速度消失，与此同时，一些值得保存的风土聚落及其环境的和文化的特征也在一并消亡。只有极少数在空间形态上特色突出的古村、古镇经过修正装扮，变成了固化下来的落日余晖，以观光产业的形式生存下来。还有一些内敛着很高文化价值，而外在观光资源有限的风土聚落，在去留之间处境尴尬，既不宜夷平重建搞项目开发，也难以成为观光整体自养生财。总之，当前城镇发展普遍存在聚落环境与文化危机，传统城镇聚落环境面临内在结构性的消解与侵蚀，历史文化村镇的社会结构、功能活动与空间形态之间出现"断裂"，存在于大量的历史城镇中的完整的理想风水聚落环境呈现"碎片化"，相互冲突，甚至消失。

面临上述挑战，新时期历史文化村镇风土聚落科学合理的发展路径是什么？怎样处理历史村镇新旧传承协调发展的问题？在历史性社会变迁进程中，特别是应对快速变革的"新情况"，根据自身基础条件，风土聚落的发展怎样实现内生结构性的生产生活、社会结构、空间形态与理想风水聚落模式在不断演变的动态中叠加契合？

二、历史文化村镇聚落发展的本质内涵

对于历史文化村镇风土聚落的传承发展，不应仅作表面的风水图示和传统符号的模仿，风土聚落既是基于自然地理资源条件，运用风水意识所塑造的理想居住空间和生活模式，又是一个社会共同体，也是一个历史过程。将其置于历史进程的社会变迁语境中，新时期风土聚落的发展更应考量对理想风水聚落模式内涵式的支撑：经济维度的生产生活等功能活动；文化维度的历史文化底蕴与价值；社会维度的社会结构的健康与活力；生态维度的生态智慧技术；形态维度的空间结构与形态要素的协同效应。

1. 经济维度的生产生活等功能活动

历史文化村镇作为一种典型的风土聚落基本类型，是长期生活聚居，繁衍在一个边界清楚的固定区域的，主要从事农业生产与商贸活动的人群所组成的空间单元，多数是在古代风水堪舆学思想指导下建设的。其历史成因上主要基于生产和生活的需要而生成。

在风土聚落的长期演变与发展过程中，"功能性"对风土聚落环境的塑造与变迁起着非常重要的推动作用，这里的"功能"应是广义的，不但包括政

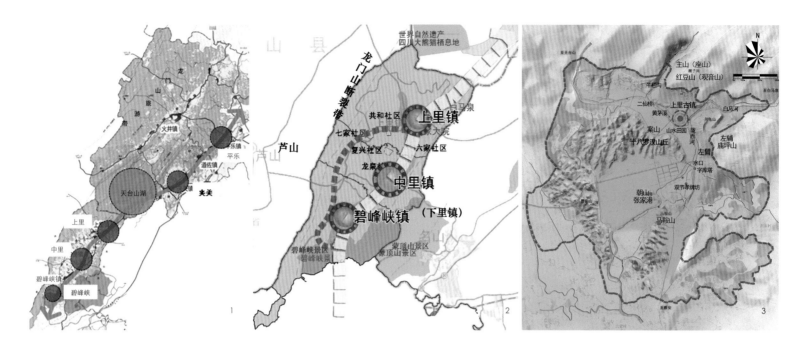

1-2.十里场镇的区域景观格局
3.上里古镇整体环境中对应格局的体现

治、经济、军事、产业，还包括宗教、信仰、礼仪等内容。在区域上，历史村镇风土聚落与其他设施与聚落存在内在的"功能性"网络联系，如因茶马古道与丝绸之路形成的村镇聚落；因防御体系形成的东南沿海海防聚落与西北边塞堡寨聚落、因大运河形成的运河沿线村镇聚落等。在聚落内部因功能发展的内在要求形成的聚落如"桑基鱼塘"模式的聚落、因盐业、陶瓷业等传统产业形成的产业型聚落、因商贸活动形成的聚落等等，均体现了"功能性"与空间环境风貌的依托与支撑作用。在当代，普遍的单调的形式不断侵蚀着传统聚落，许多风土聚落已经失去了原有的特色，在风土聚落的发展中经历了所谓的"文化丧失"，也主要是经济结构这种功能性动力的深刻变革给风土聚落施加了很大的负面影响。

"功能性"在区域与内部层面，对风土聚落形态与当地风土环境的生成与变迁的相互调适起着内在推动力的作用。所以，当前历史村镇的发展路径应考量这种内生性的结构性作用，使风土聚落的理想人居环境得到创新传承与互动发展。

2. 社会维度的社会结构的健康与活力

传统风土聚落是中国社会结构的基本细胞，也是社会人群聚居、生息、生产活动的载体。风土聚落皆因人群的集聚而营建。人们的集聚产生群体社会，社会结构由此表现在社会经济基础上将各种要素组成有一定秩序的人群关系，并反映出人群集聚的社会类型和增长方式。社会结构的主要内容囊括了聚居行为在内的人群生活和生活的行为组织方式，也更深一步涉及文化和精神层面的制度意识与信仰。社会结构的基本单元为家庭的人口结构，群体单元为人群的组合结构，而不同地区、不同民族的社会经济、生活习俗和宗教信仰等也深刻地影响着社会结构的成形与运行。

聚落人群结构的建立以生产生活合作方式为基础，反映出聚落营造时社会类型的特征，社会一空间作为统一体，社会结构的转型必然导致聚落空间的更新。随着由农耕进入工业的社会转型，传统聚落内人群结构发生了相应的改变，促使聚落在区域空间分布上的整合更新和内部空间建造上的更新。历史文化村镇聚落在农耕社会中可以满足于从事商品汇集或服务业辐射的经济需求，也可以满足从业人群的集聚聚居需求。而在当代社会，历史文化村镇产业经济发展的多样、人口规模的增长、空间建设的扩张和交通条件的改变等，使得原先由从业环境所集聚起来的村镇人群社会结构发生了重大改变等，导致在当代城镇发展中历史文化村镇聚落不再是一个自足的建成空间，这样的空间与当代城镇的发展以及人们的行为方式不相适应，因此根据城镇总体发展的定位对其进行更新改造以及拓展建设以适应当代人群的使用需求则成为必然。所以，社会结构的健康、社会族群多元与活力，是历史文化村镇的更新与拓展建设的内在需求动力。

3. 文化维度的历史文化底蕴与价值

中国的传统聚落环境空间正是在地理环境、宗法社会、传统"伦理"与"礼乐文化"三大特定的基本条件深刻的影响下构建与发展，形成极富地域特色的"人、自然、社会和谐"的传统人居环境，在构建物质空间的同时极为重视精神空间的塑造，以强烈的精神情感和文化品质修身育人。它多以自然山水景象、血缘情感、人文精神、乡土文化构建出质朴清新，充满自然生机和文化情感的精神空间，是"物质——价值"的统一体，是日常生活、地域人文精神与价值理念展示与传承的纽带。这种具有"场所精神"的聚落环境发展至今，毫无疑问具有深厚历史文化底蕴与价值。

令人痛心的是，在唯经济导向下，风土聚落的

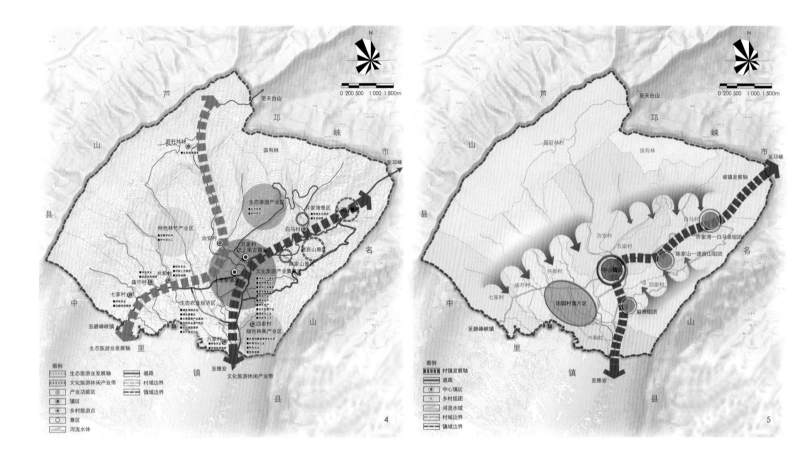

历史文化价值受到强大冲击，出现"文脉"割裂，"文化危机"，"特色丧失"等"神韵失魂"的现象。在新建设的活动中也"不经意"地忽视这种"气韵"的传承与创新。

风土聚落在历史动态进程中叠加积淀形成的历史文化资源不应成为新时期发展的包袱与障碍，它是创造和谐人居环境的"根基"，是持续发展的富集资源。在发展中如何待历史文化遗产是地区振兴要思考的重要议题，"保护历史文化遗产不能为了一时之快，斤斤计较早期投入和迅速回报，还要有继承发扬。通过对历史遗存的阐释和挖掘，可以更加深入地了解过去，理解现在，联系未来，历史遗存的保护留下滋养新文化的土壤，让它们滋生出新的建筑风格与城市品质"。历史文化遗产是振兴与塑造地区"神韵"特色的独特资源。实践证明，文化与社会效益最终也会表达为经济效益，文化价值凸显时，经济价值也会体现出来。

4. 生态维度的生态智慧技术支撑

生态智慧是指那些经过时间考验、造福万代的生态工程和研究背后的生态理念、原理、策略以及方法，其对当代的城镇可持续发展研究、规划、设计和管理具有普世性的指导意义，在风土聚落上的表现主要分为两方面：一是生态性的思想智慧，这是人们在理解周边的气候、地理、人文等生态关系后得出的生态和谐理念；二是智慧性的生态对策，人们在实践中充分利用自身智慧、技术与手段，运用朴素措施，使环境要素充分为人所用。主要体现为崇尚和谐务实的环境生态思想，"天人合一，自然为宗"的传统理念，这些理念直接作用在文化载体的建筑及聚落环境营造上。"藏风纳水、因地制宜"、"枕山、环水、面屏"的理想风水环境选择，"务实重效，自然求真"的营建意向，并落实到适应地域环境的聚落生态格局，利用生态智慧技术措施如自然通风、遮阳隔热、环境降温、防潮御寒、防灾兴利等生态基础设施与生态智慧技术创造舒适的空间环境。在这方面做出最为杰出贡献的人物为战国末年的李冰父子李冰，其主持修建了世界上最古老的大型生态工程——都江堰水利工程。历经时代检验，都江堰水利工程被认为是几千年来真正造福后代的生态项目。

当前，日渐凸显的生态危机使得自然与人类关系的问题成为人们关注和反思的焦点，历史文化村镇的发展建设，应将生态智慧的理念、原则、策略，付诸真正永久造福后世的实践。

5. 形态维度的空间结构与形态要素的协同效应

风土聚落的空间结构是聚落营建和生长的骨架，它不仅受到自然环境条件的影响，而且受到聚居人群所形成的社会结构的深刻影响，同时空间结构也决定了聚落的物质空间形态。传统风土聚落环境突出"以人为主体"的指导思想，以山水、林木、光、水、土地等自然生态因素为源，以古人的行为、心理、社会活动及农村生产的需求为目标，遵行顺应自然，因地制宜，节约用地，节约能源，就地取材等原则，按聚落规划构思和章法营建以住宅、广场、街巷道路及公共活动等多功能、多元、多层次的活动空间。

风土聚落的物质空间是供人生活居住及生产等多功能活动的主体空间，风土聚落空间结构与形态要素的协同，就是上述诸多动力机制与物质环境元素组

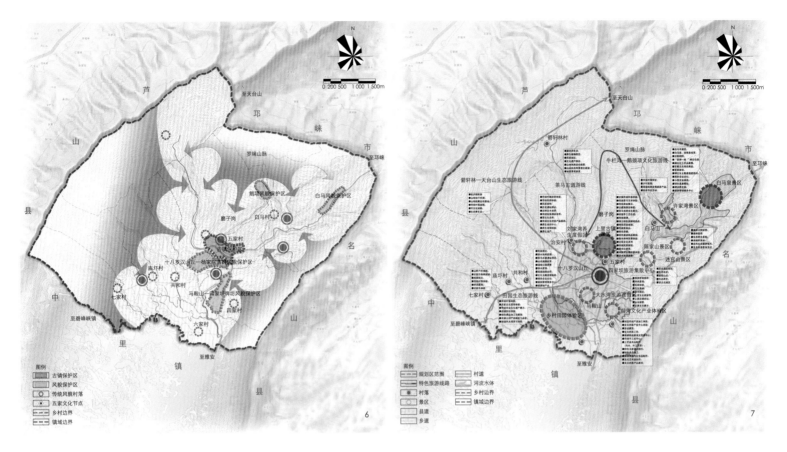

合起来，产生协同效应，重新创造价值。以传统风土聚落物质与精神环境的系统及活动空间为切入点，激活聚落环境空间结构体系与形态、方式及物质与精神环境构建机制。尽量保护历史脉络，比起创造新的东西，还不如把老的东西保留下来，并将其做到极致。

三、川西上里古镇的风土聚落发展路径探讨

1. 概况与分析

（1）背景概况

上里古镇是四川省级历史文化名镇，四川十大古镇之一。位于四川雅安雨城区北部，坐落于名山、邛崃、芦山、雨城四县交接之处，东连蒙顶山，北接天台山，南到碧峰峡，是四川北线的旅游重镇。古镇位于陇西河、白马河与黄茅溪三河交汇处。古镇初名"罗绳"，是历史上南方丝绸之路临邛古道进入雅安的重要驿站，是唐蕃古道上的重要边茶关隘和茶马司所在地，又是近代古桥为红军长征过境之地。明末清初，因古镇内有韩、杨、陈、许、张五大家族居住于此，故俗称"五家口"。解放后，古罗城建置时，

沿陇西河流向分十里建场，形成上里、中里、下里三座场镇，因这里处陇西河上游十里，故名上里。上里早期为民族聚集区，民族中主要以本地土著的巴蜀民族——青衣羌人为主。由于南方丝绸之路的不断繁华，常有外地民族来此定居，他们带来了先进的中原文化、境外文化、西域文化，同当地文化融合成了独特的地方文化。

里古镇的生成具有理想风水模式及构成要素。区域网络关联方面，"临邛古道入雅安，往南前行驿上里"，古罗城沿陇西河每十里便建立一个集贸市场，形成十里场镇的区域景观格局——茶马古驿的要冲地位奠定市镇聚落的形成与发展。古镇山水格局方面，山水、田园、林盘、古镇，构筑高度理想化的山间盆地景观模式；"枕山抱水、林盘藏风、田坝纳气、桥坊面屏"表征了上里古镇的理想风水文化模式；"十八罗汉拜观音"为古镇自然山地观中的风水意寓；"雅州山水秀，二泉天下奇"在古镇以北4km处白马泉和喷珠泉为雅州古八景名胜。上里古镇聚落形态方面，"两水夹明镜，双桥落彩虹"是古镇的空间格局；"五子登科""九世同居"为古镇的

人文聚落内核；古场镇街巷"井水制火"形制是是古镇最具特色的街巷空间形态；"七星拱月"韩家大院，双节孝牌坊、二仙桥、高桥、平桥、字库塔等建构筑物为风水人居环境中的点穴之笔；依山傍水，田园小丘，木屋为舍形成上里古镇的乡村景观；总之，古镇、宅院、村舍、古桥、古塔、古道、田野、河道、古泉、古树、古洞等要素"五行制化"——构成人文与自然交融的聚落景观意向：水墨上里。古镇依山傍水，田园小丘，木屋为舍，石板铺街，古桥、古塔、古树相映成趣，呈现出水墨桃源景象。

上里古镇的特色在很大程度上取决于它的总体建筑风格以及与自然环境相结合而形成的不可分割的整体，从而形成古朴的环境，其历史文化资源价值与特色可概括为：罗丘秀萃二水环抱之地，联川进藏茶马古道之驿，明清川西市井繁华之镇，五家和融田园生息之乡。

（2）发展分析

总体规划编制缘起2008年灾后重建提升，经历2013年"420"震灾，协助灾后重建规划。上里古镇保护与旅游面临发展瓶颈，"汶川地震"灾后重建提

图例

一类居住用地　医疗卫生用地　一类工业用地　水厂 污水处理厂　广场用地　山体
二类居住用地　教育科研用地　仓储用地　环卫设施用地　绿地　水域
行政办公用地　中学 小学　广播设施用地　停车场用地　汽车站　特殊用地
镇政府 派出所　幼儿园　邮电设施用地　燃气供应站　变电站　田保护用地　道路
图书馆　商住用地　邮政所 电信所　加油站　远景发展用地　规划区范围线
文化科技用地　商业金融用地　供应设施用地　消防站　公园绿地　垃圾站
体育用地　文物古运用地　燃气供应站　防护绿地

8

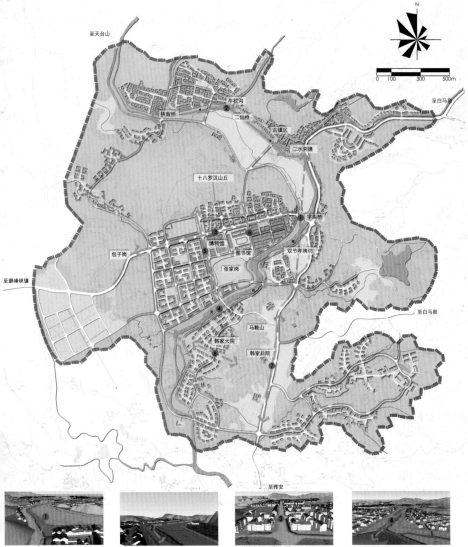

9

升，自身现实基础亟需寻求创新与转型的途径，规划编制评审后，遭遇"雅安4.20地震"，研究灾后重建与遗产型城镇聚落的保护与发展，城市形态研究与空间政策结合，研究小城镇总体规划编制技术创新。

城镇化发展路径：上里这种历史文化型、生态型、旅游休闲型小城镇面临进一步发展的瓶颈，面对生态脆弱、文化深厚但仅具有一定区域的知名度的限制，不能延续常规工业化城镇化道路，支撑其可持续发展的动力是什么？必须寻找适合自身发展的路径。

发展规模与承载：规划区范围扩大，人口与建设用地指标增长，镇区建设规模从现在0.3km²发展到1.45km²，产业和人口导入哪里来？社会结构与产业怎样与理想的人居环境形成良性互动发展？上里具有这样的文化、生态特质、上里对周边甚至成都地区的吸引力有多大？怎样处理生态、文化承载力与开发强度的关系？

产业发展与空间：遗产型小城镇，但是产业基础薄弱，既要发展旅游，又要避免过度商业化，怎样处理这种保护与发展的度，怎样具有一定的内生型发展？怎样权衡外向型与内生型产业的比重？依据地块的价值匹配什么样的功能业态项目内容？

城镇发展空间结构：如何处理景区与镇区互动发展的关系？如何延续与创新发展城镇文化空间结构？古镇面临发展瓶颈，旅游初步开展，白马泉景区具有特质禀赋，但没有成为拉动古镇旅游的另一极。

建设条件难点：如何解决诸如区域基础设施、区域协调、水资源布置、产业用地难为、山地资源环境好又受限、分散、用地建设条件的限制等难点。

空间化与政策性：城镇总体规划的实施机制与成效。怎样处理城乡统筹（小城镇、大战略角色），突出总规的战略性、结构性、政策性？

2. 构思与策略

（1）目标与理念

区别于一般村镇总体规划的编制，上里作为历史文化名镇，针对历史文化资源丰富、生态环境敏感度高、可建设发展规模有限、工业发展乏力的特点，协调当前快速发展需求和不可再生资源保护间的矛盾，守住底线、挖掘特色，使资源特色保护与合理发展。以"固本、内生、外拓"为总体路径，从遗产保护、文化驱动、生态保护、内生产业、精明增长、空间特色、文化景观等方面，运用保护规划与城镇总体规划的融合的技术手段，谋求有本地特色的城镇化路径，制定具体的可操作性的发展策略：针对村镇聚落自然人文特色的尊重与城镇化路径探讨；展思路的转变，变制约为优势，以自然生态与历史文化作为发展驱动力；产业与空间的规划创新落实是支撑发展关键：空间特色、风貌特色、文

图例
■ 休闲旅游度假区
□ 居住社区
■ 古镇区
■ 古镇田园观光区
■ 新场镇
■ 远景发展区
■ 文化产业区

■ 片区功能中心
┅ 滨水发展轴
➡ 城市空间发展轴
┅┅ 规划区范围

10

图例
⊞ 地标
● 节点
➡ 空间轴线
➡ 景观廊道
┅┅ 规划区范围

11

化特色与产业功能内容支撑：茶马古驿、山水田园、水墨上里、桃源养居。

（2）镇域城镇化发展策略

第一，区域协调、结构开放、文化兴镇。加强城镇的区域间协调，抓住川西区域结构变动的契机，形成面向区域的开放式城镇空间结构。强化与天台山、周公山、碧峰峡、熊猫保护区等景区的对接，以历史文化和中心镇服务功能与自然景观联动互补。上里为中原文化通过巴蜀平原通往关外民族地区的必经之路和中国民俗文化走廊第一门户，确立了其在茶马古道游线上的节点地位，城镇发展以特色文化服务为核心，发挥原有的传统市镇与乡村腹地一体化的布局特色，联动城市、辐射地方，形成区域优势，提升上里市镇功能和区域地位。

第二，强镇拓区，重视差异、组团联动。抓住"保护古镇，发展新镇，拓展景区，创新驱动"的方针，把古镇和新场镇区做强，对未来进一步的发展需要实现产业结构转型和城镇功能的提升，需要强化中心镇区人口和产业的集聚能力优化产业结构，拓展旅游发展空间，强化城镇的服务职能，注重各组团片区之间的差异和互补，形成镇区的核心动力支撑。

第三，城镇带动、文化驱动、旅游拉动。上里应当秉承自身在历史上形成的城乡地域经济高度协作的市镇网络典范。将"文化保护"放置于当代城镇综合建设中去，使之成为社会经济整体效果的组成部分。并融入各个层次的城市规划管理计划。文化驱动创新，留存民族文化遗产，引导民众文化消费，完善基层公共服务，推动文化支柱产业，减小城乡文化不均，形成城镇化和新农村建设互促共进的机制，保障发展可持续性。立足古镇传统市镇保护，发展新场镇，工商联动，分工协作，以现代生产性服务业、文化产业、旅游休闲假、商贸服务和房地产业为重点，拓展文化会展论坛、信息咨询、教育培训和各类技术服务业。

第四，分类引导、生态宜居、服务三农。针对上里这类小城镇，除了有传统文化市镇的职能外，更重要的是与农村、农业和农民的联系十分紧密，是农村经济的组织中心，是农业的服务基地，为农民提供公共服务。由于处于山水田园的优质环境，拥有优越的生态环境和土地资源，会吸引农村人口进镇居住，也可吸引城镇人口，旅游人口迁入，对外迁人口回流也有很大的吸引力，这是今后作为持续发展的重要动力。

第五，制度创新、财税支持、强镇扩权。城镇的健康发展需要一系列的政策和制度保障，应适当加大制度创新、加强小城镇的规划管理能力，完善财税体制、确保建设资金供给，更新观念、通过一系列制度和政策的组合，缓解农村老龄化、古镇空心化带来的社会问题，发挥其在健康城镇化进程中的"典范性"作用。

（3）城镇性质与发展定位

本次规划期内上里镇主要的城镇性质：四川省历史文化名镇，南丝绸之路和茶马古道上的重要市镇和景区，成都市圈重要的休闲度假养生型小城镇，雅安市域东北片的旅游服务中心城镇，力争成为中国历史文化名镇。

城镇职能为南丝绸之路和茶马古道上的重要市

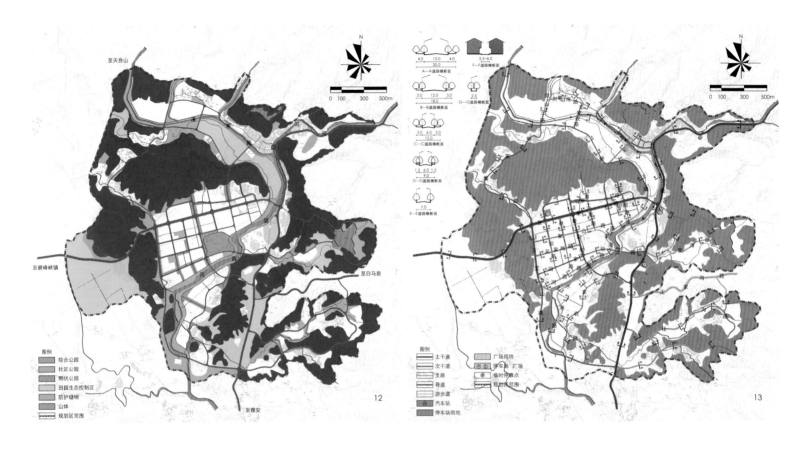

12.绿地系统规划图
13.道路交通规划图

镇和景区；成都都市圈重要的休闲度假养生型小城镇；雅安市域东北片的旅游服务中心城镇；联系康藏地区重要的门户节点。

（4）镇域村镇空间结构

规划期内，以中心镇区、重要景区和各级村落为核心，以干线交通走廊、生态通廊为纽带，上里镇域形成"一轴、两核、三区、一片"的城镇空间结构。一轴：即沿陇西河—雅上路—白马泉一线，复合文化、生态、经济、交通功能的南北发展轴。两核：以古镇和新场镇区为主核的中心镇区，以白马泉景区为次核的片区，是镇域发展的动力。三区：沿陇西河、雅上路两侧的许家湾组团、陈家山组团、任家沟组团，以旅游景区、文化产业园区为主导功能。一片：即镇域中南部，以田园农业、传统村落为集中特色的田园村落片区。

（5）镇域空间发展策略

第一，强化区域中轴。立足区域环境及发展方向，延续上里、中里、下里，"十里一镇"的市镇聚落格局；强化上里作为遗产景区和服务城镇与蜂桶寨大熊猫基地等风景旅游区的互补与协调；加强上里镇与雅安市、都江堰的区域发展关系。

第二，打造镇域核心。强化镇域的核心带动发展功能。拓展中心镇区各组团的居住商贸、行政办公及旅游服务功能，发展文化产业园区和绿色加工业，增强上里镇的可持续内生动力；提升白马泉景区的旅游度假及旅游服务功能。

第三，构建南北通廊。根据上里镇现实条件和发展态势，构建沿山谷盆地南北发展带，串联各功能组团和特色片区。

第四，协调沿河轴带。依据陇西河、黄茅溪、白马河成为镇域山水骨架的特色，延续传统滨水发展格局，发挥沿河发展的优势，形成吸引力的滨水轴带。

第五，保育绿心。保护镇域的山水环境，保护镇域的山体、林地、农田等非建设用地。保护优化上里优质的生态环境。

（6）镇域产业空间布局

规划上里镇域产业布局形成"一心两带四区"的空间格局。

陇西河—白马泉文化旅游产业带：陇西河—白马泉、过境雅上线，串联镇区、古镇区、景区、村落旅游点等主要产业经济功能区，是上里的主要经济发展轴。

生态旅游业发展轴：七家村—镇区—黄茅溪—箭杆林—天台山，串联传统村落、田园生态农业区、林竹经济区、生态茶园区产业区等，形成以生态产业和生态旅游为特色的产业发展轴。

特色产业经济区包括文化旅游产业集聚区：以文化产业集群、旅游集群为主导功能，带动镇区商贸服务业，旅游服务、养生地产、旅游地产、传统文化商业，传统手工业等，突出强化镇区的文化旅游服务功能。生态农业经济区：保护传承农业文化遗产技术，布局传统农业遗产园区，发展绿色传统农业、绿色禽畜业、水果蔬菜产业基地、农产品加工业，在此基础上发展田园生态农业体验旅游，传统村落体验旅游。

（7）历史文化遗产保护框架

总体保护策略：实施"保护古镇，发展新区、拓展景区"的空间策略，在镇域范围内协调与古镇保护相关的用地、人口和基础设施等。

保护内容包括：古镇传统格局和历史风貌，各级文物保护单位及不可移动文物，历史建筑，古树古井等历史环境要素，古镇周边山体水系，镇域历史环境要素与结构、历史事件的空间环境，传统技艺、仪式及民俗精华等非物质文化。

保护重点包括：重点保护以五家文化为代表的聚落结构与遗址；重点保护古镇老街空间格局与传统民居风貌；保护以"十八罗汉拜观音"为特色的山水格局；重点保护以"年猪节"、高杆会、川剧表演为代表的传统民俗。

保护层次：从涵盖镇域、历史镇区、保护范围、文物保护单位与历史建筑、非物质文化遗产五个层面构建上里历史文化名镇包户规划分层次的保护体系。每个层面针对的保护对象与保护措施侧重点各不相同，最终形成一套完整的历史文化名镇保护体系。

（8）镇区空间布局规划

镇区用地发展方向：根据对上里城镇规划建设用地方向选择因素的分析，确定规划期内上里镇城镇建设用地的主要方向为："两翼延展、南向拓展、提升滨河"。规划期内城镇主要跨过"十八罗汉山丘"向南发展，适当建设南部陇西河以东，雅上路两侧四家坝、大水湾、前湾区域，逐步完善上里旅游发展拓展空间与文化产业园区用地。

城镇总体布局采用"组团状发展"的模式。即：充分利用影响城镇布局的自然限制因素，如山川、农田、河流等特殊自然条件，形成富有特色的城镇布局结构。以现有的镇区为中心，以"组团状"模式沿陇西河南向发展，所形成的各城镇组团之间，利用天然的河流、山丘、田园等，建设成为城镇各组团之间的各类分隔绿地。

空间结构与功能布局：形成"一轴、一带、8+1组团片区"的布局结构。

一轴：即古镇—田园风光带—十八罗汉山丘—新镇区公建带—张家岗文化公园—马鞍山—大水湾片区—前湾产业园区形成的城镇空间发展轴

一带：即沿河滨水发展带，沿黄茅溪、白马河、陇西河两侧发展，连接古镇和新区，形成滨水特色空间带。

8+1片区：即规划期八个功能组团和一片远景发展区。八个功能组团为：古镇区中心组团、刘家湾养生组团；桃源社区组团、新场镇区河西组团、治安社区组团、四家坝组团、大水湾旅游度假组团、前湾文化产业组团。远景发展区为共和片区。

各组团片区的功能定位：

古镇中心组团：以古镇居住、文化旅游、传统商业为主要功能。

新场镇区河西组团：以城镇行政办公、文体商贸、居住游憩、城镇旅游等综合服务职能为主要功能。

古镇区桃源社区组团：以延续古镇传统风貌的居住、度假功能为主。

古镇区治安社区组团：以传承传统村落风貌的居住功能为主。

新场镇刘家湾养生组团：以传统村镇居住、养生度假、文化旅游为主要功能。

新镇区四家坝组团：以旅游集散服务、居住、度假功能为主。

新镇区大水湾旅游度假组团：以高品质的特色主题度假、旅游地产为主要功能。

新镇区前湾文化产业组团：以传统特色文化产业、绿色加工业、商住办公、生产性服务业等为主要功能。

镇区公共服务中心规划"沿河、屏山、借景；轴带、组团、成景"的结构布局。

镇区建设用地镶嵌在山—水—田一的大背景，体现川西林盘人居聚落与自然山水的融合，形成"块、带、廊、楔"的绿地网络结构。

"自然渗透，廊片交织、两大核心、Y字主轴，一轴两带多片"的空间风貌结构的总体景观结构。

道路系统规划充分应考虑保护古镇的要求，以TOD绿色公交导向，小街坊，小尺度，内外主次道路成系统，形成小镇的空间特色。

市政基础设施规划以生态智慧技术为指导，将节能减排、低碳绿色发展理念贯穿始终，并提出低冲击开发、"绿色市政"的建设生态城市建设目标与措施。

四、结语

在新时期转型发展背景下，历史文化村镇类型的风土聚落既具有传统聚落珍贵的文化遗产内涵，又面临衰败与扩展的困境。为协调目前快速发展需求和不可再生资源保护间的矛盾，对历史文化村镇及区域资源进行保护与合理发展，应对区域经济地位的提升和区域空间结构的变化，如何谋求科学发展路径？本文首先分析历史文化村镇聚落发展的本质内涵，通过经济、社会、文化、生态、技术五个维度的支撑思考，使之在实践中具有可操作性。然后以上里古镇总体发展规划为例，对其发展策略及政策措施进行了探讨分析。文章仅为抛砖引玉，不足之处，望同行指正。

参考文献

[1] 常青，齐莹，朱宇晖. 探索风土聚落的再生之道：以上海金泽古镇"实验"为例[J]. 城市规划学刊，2008（2）.

[2] 阮仪三，袁菲，肖建莉. 对当前"重建古城"风潮的解读与建言[J]. 城市规划学刊，2014（1）：14－17.

[3] 肖竞，曹珂. 文化景观视角下传统聚落风水格局解析：以四川雅安上里古镇为例[J]. 西部人居环学刊，2014，29（3）：108－113.

[4] 范霄鹏，杜晓秋. 传统聚落中的社会结构与空间结构[J]. 中国名城，2012，（3）：63－67.

[5] 雅安市上里古镇总体发展规划[R]. 上海同济城市规划设计研究院. 2013.

作者简介

杨圣勇，同济大学建筑与城市规划学院，博士生。

1.高铁新区核心区及周边地块夜景
2.区位图
3.意向图
4.空间隐喻
5.图画解析

城市山水画
——基于"天人合一"的黄山高铁新区核心区城市设计

The Mountains and Waters Landscape to the City
—The Exploration Design of Harmony between Human and Nature Landscape in High-speed Rail District in Huangshan

韩 叙
Han Xu

[摘　要]　黄山市高铁新区核心区城市设计从"天人合一"的朴素哲学思想出发，构思取材一幅中国古代黄山山水水墨画，运用"法天象地"的设计手法，将山水画中的洞、原、岭、湖、山元素与项目的五大功能分区——对应，使各功能分区的建筑、场地、景观独具特色又和谐统一。文章将通过对整个项目的梳理，展现这种中国古老思想与传统艺术碰撞下形成的无可复制的高铁新区核心区。

[关键词]　山水城市；黄山高铁新区核心区

[Abstract]　The core area urban design of the high-speed rail district in Huangshan was developed by the concept of the simple philosophic thinking, which defined as "Harmony between Human and Nature" in Fengshui. The conception wasbased on a Chinese ancient landscape painting of Huang Mountain, utilized the technique of modeling heaven and earth. By using the ravine, plains, ridge, lake and mountains, it connects to the architecture, fields, and the landscape of the five functional areas. Thisarticle will reveal the core area of the unduplicated high-speed rail district with Chinese ancient thinking and the traditional arts.

[Keywords]　Landscape City; The High-speed Rail Districtin Huangshan

[文章编号]　2016-70-P-070

一、"天人合一"与山水城市概念的相关解读

中国古代建筑学是以"法天象地"的传统理论为理论基础的,追求"天人合一",人(类)和自然环境的平衡与和谐,在创造美好的居住环境方面,不仅要十分注意与居住生活有密切关系的生态环境质量问题,也同样重视与视觉艺术有密切联系关系的景观质量问题。中国山水画的美学思想同样是建立这种古老的哲学思想基础之上,其中所表现在对待人与"道"、人与"天"、人与"自然"等关系的理性架构与深刻审度上,在当下也具有着较为重要的意义。

关于"山水城市"的构想,最早是在钱学森教授给北京清华大学吴良镛教授的信中提出来的。他希望把中国的山水诗词、中国古典园林建筑和中国的山水画融合在一起,创造"山水城市"的概念。对于城市规划从业者来说,"山水城市"就是处理好城市与自然的关系。

黄山市高铁新区核心区城市设计,利用现有地形,整合周边资源,将中国的山水画与城市设计相融合,达到人、建筑、自然的"合一"的境界。

二、黄山高铁新区核心区项目前期梳理

1. 项目背景

黄山市位于安徽省的东南方,属于长三角地区,交通便捷,与杭州同属于1小时经济圈,与上海、南京、武汉同属于2小时经济圈的范围。黄山市旅游资源丰富,中心城区周边及黄山南部城镇群范围内拥有齐云山国家级风景名胜区、花山迷窟——渐江国家级风景名胜区、国家历史名街——屯溪老街、歙县国家历史名城、万安历史文化名镇等国家级风景名胜区和国家级历史名街、名城、名镇,以及众多不同等级的自然和人文旅游资源。交通的发展和丰富的资源提升了整个区域的竞争力,也推动了整个地区的经济的发展。

城与文化如影随形,城的灵魂是它所体现出来的文化。这里的"文化"包涵多个层次。在城市规划中一般表现为城市的外部形态,如城市的平面布局、主体建筑、街道的文化风貌等。徽州文化,作为中国的三大地域文化之一,是历史上的徽州人民在长期的社会实践中所创造的物质财富和精神财富的总和,不论是村镇规划构思,还是平面及空间处理、建筑雕刻艺术的综合运用都充分体现了鲜明的地方特色。项目处在拥有深厚文化积淀的氛围里,对自身形态脉络和整体风格的形成有积极影响。

基地位于黄山经济开发区的东北方,现状地形以低丘缓坡为主,南侧有部分地形较高,为金竹山余脉,相对高度超过30m。基地内水资源丰富,散落分布着众多的低洼河塘,水域面积约占基地总面积的6%左右。现状主要对外交通为梅林大道,北至徽州区,南抵屯溪。高铁站位于基地内西北侧。

黄山市境内山峦环抱,除了建成区外,拥有优越地理位置的高铁新区核心区肩负城市振兴的使命,基地作为黄山市未来核心发展区,有机整合了黄山市南部城镇群,同时又与老城区形成了密切的联系,同时拥有丰富的土地资源,联系黄山市的各个区域,为城市的发展提供更广阔的空间。随着高铁的建设,沿途停靠城市、省会将会成为新的消费聚集

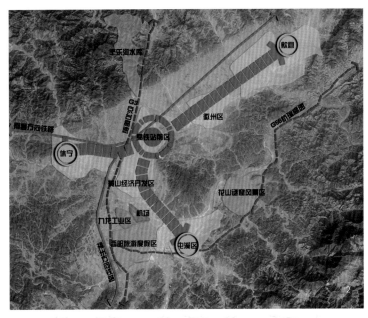

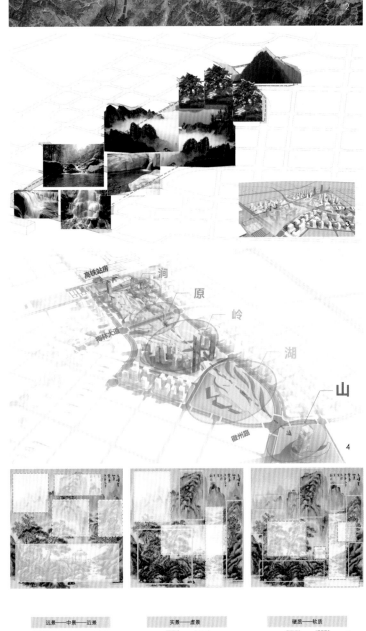

6.高铁出站看站前核心区整体效果
7.高铁新区核心区及周边地块日景
8.城市功能图
9.站前广场商业
10.商务办公综合区地形示意

区域，高铁也将成为旅游的新纽带，带来各类旅游人群形成旅游消费流的聚集地。

2. 规划关键问题

高铁时代的到来，带给黄山的是未来发展的新机遇和新挑战。围绕着黄山高铁站的建设，黄山高铁新区将给中国带来一个既有传统风格又具国际特色的站前综合功能区，喜迎天下宾客，笑纳四方来贺。

我们将规划区域理解成一个极具独特性的项目，它是立足于融合优质的土地混合利用和隐喻黄山富有魅力的风景意向的当代城市设计。其发展目标是立足于高品位、高起点的设计思路，多元化、综合化的建设模式，大手笔的运作理念，将高铁站前地区与高铁站房一体化考虑，尽量保持原有地形地貌，力争将高铁新区核心区建设成为国内建筑一流水平、极富黄山地域特色、地区功能饱满丰富、空间形象鲜明活泼，集广场、商业、商务、会议、旅游、文化、生活于一身的黄山未来新区核心区，为黄山未来的跨越式发展提供强有力的支撑和不可替代的作用。着眼于发展目标，在分析项目背景与现状条件的基础上，规划提出了需要解决的关键问题。

（1）能不能把中国的山水画与城市设计结合，从该地区的自然风貌特质出发进行城市设计，为城市描绘一幅新山水画。

（2）如何为高铁乘客、旅游者、商务人士和当地居民创造一个极富魅力和吸引人的黄山印象场所——城市客厅，从这里开始认识黄山、享受黄山。

（3）如何运用"天人合一"的方法，结合传统文化和现代气息的场地、建筑设计理念和景象。

（4）营造强大的引力促使不同阶层的人们进入该地区，为他们提供令人兴奋的多样化的体验

（5）综合考虑高铁站前地区由北至南的多元化、高品质的土地利用。

（6）以优质的城市环境营造和视觉效果吸引未来的投资。

三、黄山高铁新区核心区城市设计实践

1. 规划构思——涧+原+岭+湖+山

风水倡言"一邦有一邦之仰止，一邑有一邑之观瞻"；"通显一邦，延裏一邦之仰止，丰饶一邑，

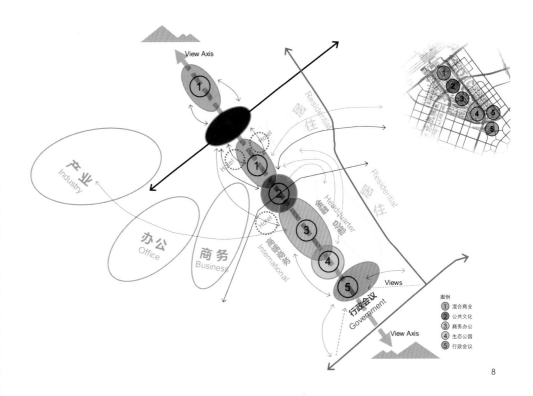

8

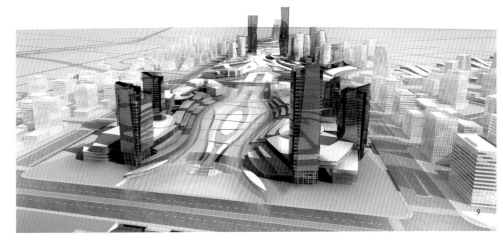

9

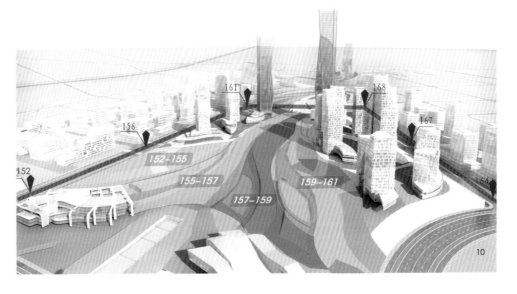

10

073

彰扬一邑之观瞻"，[1]即强调宅居环境的经营，应是具有个性特色的场所精神的创造，要因地制宜，结合山川风物和人文风俗而彰显独特风貌，而不是千里一律、千篇一律的生搬硬套。高铁新区作为黄山未来发展的引擎和城市窗口，承担着展现黄山传统风貌和城市发展新形象的双重任务，设计在空间上以中式山水意境为精髓，将黄山最重要和最具特色的山、湖、溪流、峡谷四大要素，以涧、原、岭、湖、山为意境，把不同的功能：广场、城市综合商业、酒店、文化旅游、办公休闲、生态公园和行政会议在高铁新区核心区中做一次集中的意向展示，成为黄山未来新形象的缩影。功能依据周边地块和城市总体结构建立，商务和金融将成为城市发展的有力支撑，同时将商业、文化、生态元素组织在高铁和政府的视觉轴线上，使得该地区成为黄山未来展示城市发展和地区文化的新名片。以多元化的现代城市功能为内容，形态上以多层次、多标志的新颖建筑和场地设计为表征，打造高铁站前核心区充满魅力的城市空间，方案既遵了循规划的合理性，亦契合黄山山水意境的层次感。

设计手法借鉴山水画对远、中、近景描绘方式的不同，运用实景与虚景相结合，硬质与软质兼顾的方式，通过丰富的不同功能建筑层次、公共空间的穿插和环境景观的融合来展现山水交融、自然与城市互动的空间效果。合理化梳理了相关功能组织，同时建立基地开放空间和远端山体的景观视线对话

整个高铁站前核心区的设计尊重自然，融入自然，不同的城市功能展示了地块不同的城市色彩，恰如黄山从山脚至山顶的丰富变化层级：酒店商业区繁华之如山下鲜花盛开，文化旅游区丰硕之如山中枝繁叶茂，商务办公区挺拔之如竹秀于林，生态公园区敞开胸怀之如迎客苍松，政务办公区矗立之如黄山之巅。

2. 规划方案

方案沿高铁站房、梅林大道、徽州路展开的五大城市功能空间区，完美融合了黄山独特的地域特质，同时纳入了黄山高铁新区乃至黄山市发展的功能需求，将成为独一无二不可复制的高铁新区核心区发展典范。

（1）综合酒店商业区——涧

综合酒店商业区位于高铁站前广场，是地区吸引力的窗口，规划以"涧"为意向，建立地上地下一体化的商业空间体系，借助地面人气和地下的开发成本优势，营造成功的贯通空间氛围。多元化的商业功能、便捷到达的酒店配套、收放自如的公共空间、良好贯穿的视野，不同层级的商业空间和公共空间的完美结合，都是为高铁客流和周边居民提供了一个

城市新的中心和购物消费场所，成功提升高铁站前地区的吸引力和竞争力，成为高铁核心区注入发展的强力支持。

在站前广场中轴线上，主要建筑吸取黄山徽派建筑特点和文化特质，以素雅现代的材质线条作为黄山文化和城市形象的新标志。景观小品的布置在色彩和材质上以灰瓦白墙作为主要表现方式，力图展现徽韵特色。同时组织植物和水体，在空间色彩上加以烘托，使站前地区核心区成为展现黄山城市发展的新名片，让人们第一时间感受黄山特色和文化氛围。

（2）文化旅游展示区——原

文化旅游展示区位于梅林大道两侧，鉴于梅林大道对于串联基地和黄山城市各个公共中心的强力职能，方案将围绕梅林大道形成新区的文化展示和公共核心，影院、活动中心、图书馆、博物馆不论是从建筑设计还是空间营造，都将力图展现黄山地域文化和传统文化元素山石之坚毅、云海之飘渺的广阔意境，使游客和外来人士在此感受到黄山文化和特色的巨大魅力，为黄山打造一个新的旅游文化展示窗口。结合儿童教育、公共文化活动的组织开展，给当地人群提供一处休闲观光的新中心。所有建筑群以环形步道相连，辅以商业与休闲广场平台，各自独立而又相互联系，形成地区中部的彩虹之环。

地面、地下和空中三个层级的步行空间联系，将实现站前地区活力和梅林大道南侧地区的无缝连接。

（3）商务综合办公区——岭

商务综合办公区位于梅林大道南侧，是城市未来的核心商务区。空间形态以传统山水、自然地貌和现代功能完美结合，为黄山打造一个城市功能展示的窗口门户地区。

方案利用梅林大道南侧地区先天的场地高差变化，平整用地用于办公建筑开发，公共空间利用自然景观依坡地形成多层级的休闲场所，既满足了土方平衡的经济性，又形成未来高铁新区中最具黄山地域特色和自然风貌特色的空间形象，将为国际企业和新型产业办公提供一个极具吸引和魅力的入驻场所。

群山形态的城市天际线，动态延伸的休闲空间，使得此区域不仅仅是城市高端商务和金融服务的汇聚地，更是城市展示和旅游休闲的新去所，市民引以为豪的休闲区，城市对外宣传的新名片。

（4）生态体育公园区——湖

生态体育公园位于商务办公综合区与行政会议中心区之间，公园的建设既能使其南北两区共享到优质的休闲景观空间，又能使其享受到通透的视线体验，还防止某一时间段过于集中的人流影响各自的功能使用，公园以黄山的特色植被和湖面作为生态公园

的主要构成要素，成为市民休闲、游客体验的城市绿肺，同时组织体育休闲活动，丰富公园内容。

（5）行政会议中心区——山

会议中心建筑以垂直向的体量和柔和的曲线造型，完美的与地区环境结合，同时曲线的裙房与市民广场和礼仪性广场的协调呼应更是其达到了横向延展与垂直拉升的平衡，既拥有良好景观，又体现了自身的标志性和仪式性。行政办公建筑则和南侧的生态用地南北相对，以宽阔的体量展示了整个博大的胸襟和气度。整个建筑群形态与基地周边的群山形成呼应，作为地区的终点视景，更是融入山水画精神，达到"峰峦随水入丹青"[2]的境界。

四、结语

中国古代的城市规划与建筑因而以其注重景观人文美同山川自然美的有机结合，显现出意象隽永，美不胜收，形成鲜明特色。本次规划旨在领悟尊重自然，寻求人与自然平衡与和谐的精髓，结合中国山水画"幽、远、高、古"的审美特质，形成独一无二不可复制且未能超越的黄山高铁新区核心区，使市民及游客真正沐浴在"天地之美，美在黄山，人生有梦，梦圆徽州"美好意境中。这种规划方法也需要我们在今后的规划设计中认真研究与总结，使中国的城市建设真正具有自己的城市文化特色。

注释

[1] 管铬《管氏地理指蒙》。

[2] 吴黯《因公檄按游黄山》。

参考文献

[1] 于希贤. 人居环境与风水[M]. 北京：中央编译出版社，2010.9.

[2] 鲍世行. 钱学森论山水城市[M]. 北京：中国建筑工业出版社，2010.6.

[3] 王其亨. 风水与传统建筑[EB/OL]，1993.

作者简介

韩 叙，上海联创建筑设计有限公司城市规划景观设计研究院，主创设计师。

11.梅林大道广场效果图
12.梅林大道南侧效果图
13.梅林大道南侧办公休闲地块效果图

1

1.效果图
2.昆明古城风水格局
3.大明新区区位图
4.大明新区中心区区位图
5-6.昆明古城选址与大明新区中心
区选址对比示意
7.中心区选址风水示意

风水环境下的城市特色的营造
——以云南滇中产业聚集区大明新区中心区城市设计为例

Construct City Characteristics under the Environment
—Urban Design of Daming New Central District in Yunnan Gathering Area

宝音图 王 勇 李仁伟
Bao Yintu Wang Yong Li Renwei

[摘　要]　本文以云南滇中产业聚集区大明新区中心区城市设计为例，挖掘和提炼昆明传统山水格局和城市特色，从而演绎在云南滇中产业聚集区——大明组团中心区城市设计项目中，希望可以重塑和再现昆明昔日"满城山色半城湖、半城山水半城街"的风水格局，希望通过此项目探索中国传统规划思想关于选址和空间营造方面在现代城市规划实践中的应用。

[关键词]　满城山色半城湖；半城山水半城街；演绎

[Abstract]　This paper takes the urban design of Daming new Central District in Yunnan gathering area as an example. Mining and refining of the Kunming traditional landscape pattern and city characteristics will be presented in the urban design of Daming new Central District. We Hope that it can remodel and reproduce Kunming's former fengshui pattern of "The city scenery and a half city lake, Half the city landscape half city stree" in order to explore the Chinese traditional urban design theory of location and space construction Application in modern city planning practice.

[Keywords]　The City Scenery and a Half City Lake; Half the City Landscape Half City Stree; Deduction

[文章编号]　2016-70-P-076

一、昆明风水环境和城市特色

昆明的风水环境和城市特色在于其山、水、城相互依存、相互辉映的内在关系，以及在城市建设中所表现的尊重山水、因势利导的城市建设观和自然山水观。无论从古城风水格局到十字形山水形胜，还是"满城山色半城湖、半城山水半层楼"的城市空间意向，均体现了这些特征。

1. 古城风水环境

城昆明三面环山，一面临水，城中有盘龙江、金针河和宝象河穿城而过，城市处于山水环抱之中。这种山、水、城相依，倚山面水，坐北朝南、背阴向阳的城市格局正体现了我国古代最佳的城市选址原则。

昆明城起源于唐代南诏国的拓东城，拓东城在设计上"以龟其形"，表达了长久不衰的用意。古城背靠长虫山，面向滇池，古城与主山长虫山余脉呈现"龟蛇相交"的态势，古城是整个风水环境的中心，也正是周围山水龙脉之所在。

2. 山水城市格局

（1）满城山色半城湖

昆明的老城初始规模并不是很大，中间是翠湖，外围是草海和滇池，周围群山环抱，整个老城围绕翠湖展开，可以说当时的老城与翠湖、周围山水呈现出一湖居中、"满城山色半城湖"的格局。

（2）半城山水半城街

从大的风水格局来看，昆明背靠长虫山，面向石寨山，东侧是金马山，西侧是碧鸡山，中间是滇池，古城拥有正南北的十字形山水城市格局。昆明老城空间格局与周围山水形成对位关系和多组视线联系，包括翠湖、五华山、祖遍山、圆通山，因此"半城山水半城街"则是对昆明老城山水城市格局的最佳描述。

3. 山水景观视廊

古城选址与营建与周围山体有着严谨的视觉对位关系，形成了多条古城与山水之间的视线通廊，从而营造了古城山水联通的良好景观体系。最早形成的五华山——三市街—双塔古城空间轴线，亦是今日昆明城市轴线之基础。另外还有大观楼观西山睡美人的景观廊道，翠湖—大观楼—西山睡美人山水城景观廊道，翠湖—碧鸡山和金马山的景观廊道，这些是昆明城市风水格局的体现，更是属于昆明独有的城市记忆。

二、规划背景

大明新区位于昆明长水国际机场的东北侧，拥有良好的自然山水格局条件，是主城人口和功能疏解及新型产业聚集的主要区域。其总体定位和目标是以科技创新引领产业转型升级的国家级新区，昆明国际化大都市区的副中心，云南省第二大城市，我国面向东南亚开发开放的国际经济合作示范区，最终将建设成为山环水绕、生态智慧、产城融合、富于历史文化和民族特色的现代化新区和山水新春城。

新区中心区位于大明新区中心区中央商务组团，规划范围北至对龙湖，南至八家村水库，西至新区连接南北的交通性主干道，东至牛栏江，规划面积约6.7km²，是展示大明新区城市形象和城市品牌的核心区域。

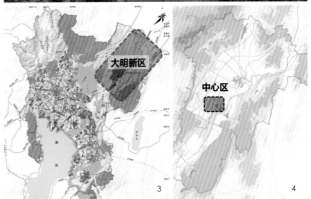

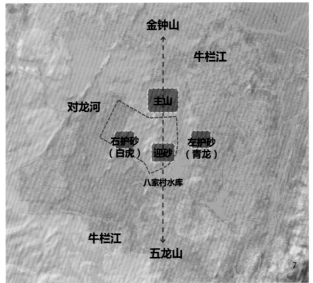

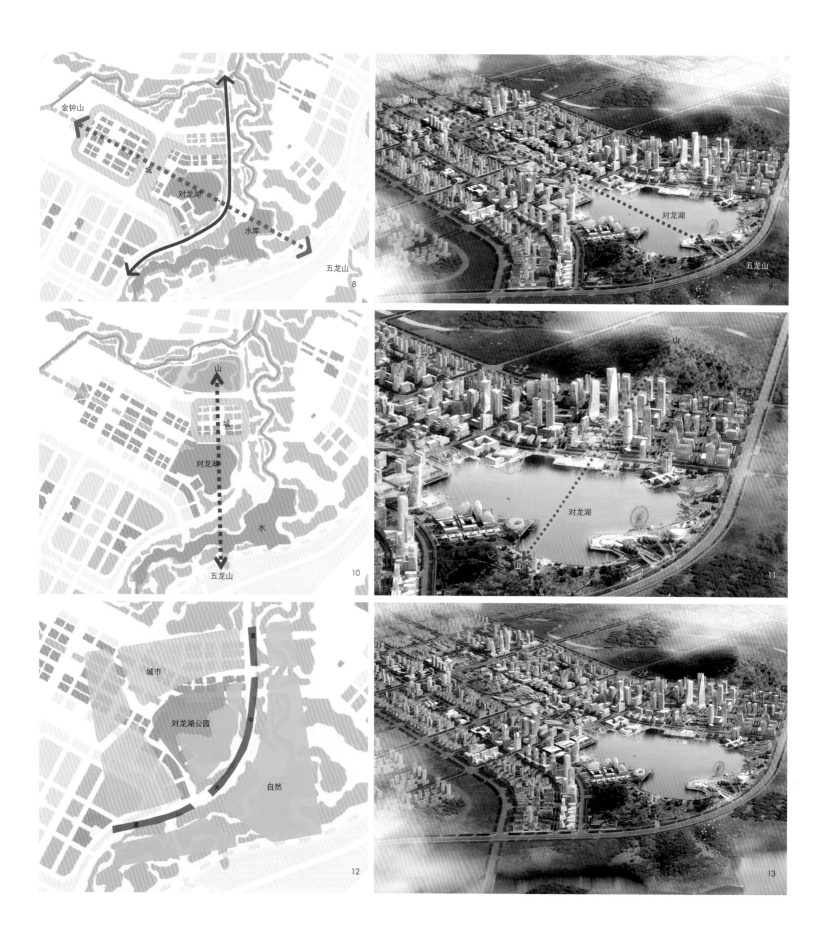

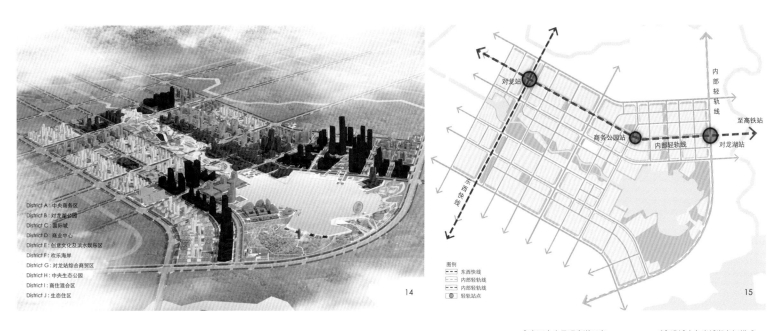

District A : 中央商务区
District B : 对龙滨公园
District C : 国际城
District D : 商业中心
District E : 创意文化及滨水娱乐区
District F : 欢乐海岸
District G : 对龙站综合商贸区
District H : 中央生态公园
District I : 商住混合区
District J : 生态住区

14

图例
- - - 东西快线
-·-·- 内部轻轨线
----- 内部轻轨线
●◎ 轻轨站点

15

8.东西山景观廊道示意   12.满城山色半城湖空间模式
9.东西山景观廊道空间效果   13.满城山色半城湖空间示意
10.南北山景观廊道示意   14.功能分区
11.南北山景观廊道空间效果   15.轨道交通系统分析

三、规划特色

1. 寻山

新区自然资源优越，山水格局富有特色，整体属于高山和浅丘陵地貌特征，呈现一派田园风貌，风水条件极佳。两侧为南北走向的大型褶皱山，山间地势平坦开阔之处形成坝子，河流在山脉之间发育，呈现两山夹一江的盆地特征。

考虑到中心区现状地形地貌和山体对位关系，本次中心区选址以正北侧连绵起伏的金钟山作为中心区龙脉靠山，南侧层峦叠嶂的五龙山作为远朝山和案山，八家村水库北侧突起的三个小山丘为左右护砂和迎砂，较平的区域是未来新区空间核心，同时也是暗合了老城的"龟蛇相交"之势。

2. 觅水

《管子水地》云："水者，地之气血，如经脉之通流者也。"

新区水系河塘众多，整体呈现"一江八河"的水系网络，其中，牛栏江自南向北纵贯整个新区，八条水系（果马河、普沙河、弥良河等八条河流）从两侧山体汇聚至牛栏江。新区中心区水系条件良好，牛栏江和对龙河从中心区蜿蜒而过，南侧八家村水库水清景秀。考虑到城东有河为吉位，因此选址偏向对龙

河西侧。山环水绕的城市山水格局和田园风光为新区建设提供了优越的生态基底条件，赋予新区场地独特的地域特征。

3. 定向

定向对城市规划而言，是对城市发展方向和发展轴线的选定，是规划空间营造具体工作的第一步。

（1）以山、水为景观廊道

依托现状地形地貌、山水对位关系和宏观风水格局，规划构建新区东西向山水空间轴线，即金钟山——中心区空间核心、对龙湖公园——五龙山的山水空间轴线。引上游金钟山水库和对龙河的景观水系，规划滨水商业、休闲、文化等功能为主的滨水活力景观轴线，主要包括了欢乐海岸主题商业街区、对龙站综合商贸区、创意文化及滨水娱乐区、商业中心、国际会展、国际会议、五星级酒店和对龙湖公园等城市职能，从而演绎昆明东西向从金马山——老城、草海——碧鸡山的山水空间轴线。

为了传承和沿袭昆明老城十字山水形胜，规划依托现状山水对位关系和大的风水格局，将八家村水库和北部地形较高的山丘进行山水联通，构建南北向的山水空间轴线。依托这条轴线和中心区龙脉福地的选址，调整部分道路为正南北方向，规划功能主轴线，功能主要包括商住混合、中央商务区、政务中心

和对龙湖公园等城市职能，演绎昆明南北向从石寨山——老城、草海——长虫山的山水空间轴线。

（2）满城山色半城湖

规划基于牛栏江饮水河的生态保护需求，在龙、砂、水为山水廊道的基础上，以滇中大道交通干道为界，以对龙湖公园为生态过度和缓冲，将城市建设用地与非建设用地进行生态隔离。对龙湖公园和滇中大道东侧强化自然生态元素，湖面西侧和北侧强化城市元素，对龙湖公园实现从自然到城市的完美过渡，演绎一湖居中、"满城山色半城湖"的山水空间格局。

（3）半城山水半城街

未来新区中心区将营造出山、水自然景观为底景，对龙湖公园为过渡，中央商务区、国际城、商业中心、政务中心、文化建筑等城市景观为背景的空间意向，演绎"半城山水半城街"的设计构思，重塑和再现昆明"山环水绕"和"半城山水半城街"的山水美景。

（4）多角度推敲山水城共融的空间形态

规划确定中心区采取是以中等开发强度开发为主，低冲击，同时强调山水自然元素融入城市、和谐共生的设计理念。规划以对龙广场、国际文化广场和滇中广场为观赏点，推敲和设计整个新区中心区的城市空间和建筑高度，设计出高低起伏、变化丰富的城

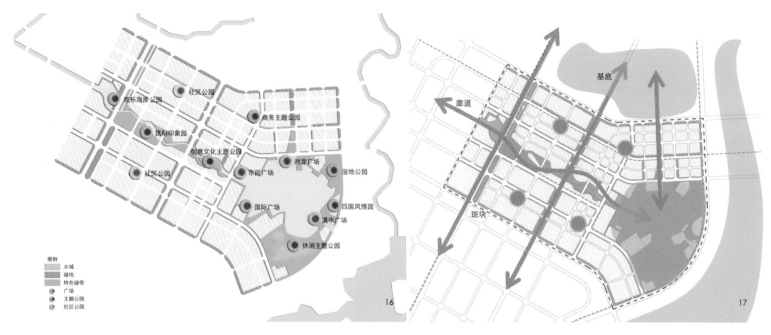

图例
水域
绿地
特色绿带
广场
主题公园
社区公园

16

17

基底

廊道

斑块

16.开放空间系统分析　　19.弹性用地模式
17.生态廊道规划图　　　20.总平面图
18.组团开发模式

市天际轮廓线。

4.造穴

《地理正宗》中说到："穴者，山水相交，阴阳融凝，情之所钟所也。"穴是中心位置，要选择避风向阳、山清水秀、流水潺潺、生机盎然之地，要能"藏风聚气"。

为了营造"满城山色半城湖"的山、水、城景观意向，规划选取两条山水景观轴线的交点，利用金钟山水库和新区中水系统的水，选取地形较低的区域，引水入城营造对龙湖公园，形成整个新区中心区的空间高潮。

围绕对龙湖，规划布置新区中心区主要城市职能，如：国际会展中心、政务中心、对龙广场、国际会议中心、国际文化交流中心、国际风情园、滇中广场等城市职能。

四、五大支撑系统

1.功能支撑

（1）功能策略

规划注入国际城、中央商务区、娱乐休闲带等强带动性功能，通过多国合作产业的培育和发展，以及商务贸易合作的提升，加强新区中心区高层决策、信息处理及相关配套产业的发展，实现产城融合，提高中心区集聚能力，增强新区发展动力，带动周边区域的发展。

（2）功能布局

规划围绕功能主轴和滨水活力景观轴两条轴线，以及对龙湖布局的新区中心区各功能板块开展。对龙湖以北以中央商务区为主，对龙湖以南是国际城，对龙湖以西以商业中心、商住混合、中央生态公园等功能为主。同时，沿滨水活力景观轴规划布局了创意文化及滨水娱乐区、欢乐海岸、对龙站综合商贸区、商住混合区和生态社区等功能。

2.交通支撑

片区内规划多条轨道交通，直接连接昆明市区、空港枢纽，奠定了新区中心区发展的交通基础，中心范围内通过PRT特色交通及水上交通等多种交通方式，提升片区内部交通能力和高标准服务能力，驱动现代化新城建设。

（1）对外交通

规划东西快线从新区中心区中间穿过，方便连接昆明主城区和大明新区，并在新区中心区设置对龙站。滇中大道未来可以直达机场，北侧的昆曲高速可以直接到达昆明市区和安宁组团，南侧的杭瑞高速和西侧的昆明外绕高速可以直接到达呈贡新区，便捷的对外交通为新区中心区发展提供了重要保障。

（2）道路规划

新区中心区在落实总体规划道路格局的基础上，进一步梳理了城市支路网系统，提高区内交通的可达性。针对不同功能片区的交通需求，灵活组织支路系统。在交通需求较大的区域，如中央商务区和商

业中心区，加密支路网系统。在以公交、步行和观光为主导的区域，如对龙湖公园和中央生态公园，降低支路网密度，体现绿色、安全、高效的交通理念。

（3）轨道交通

规划区内的轨道交通包括东西快线、内部轻轨系统和PRT线路。

其中东西快线、内部轻轨系统和PRT线路均在新区中心区设站，并实现相互换乘接驳。昆明东西快线向西连接昆明主城区和安宁组团，向东联系嵩明组团；内部轻轨系统连接滇中大明新区内部各个功能组团；PRT线路串联起新区中心区各个核心功能片区。

内部轻轨系统是大明新区快速交通的有效补充，便于组团间交通的快速到达，串联了商业中心区、商务中心区、政务中心区、高铁站前综合商贸区等重要功能板块。站点的服务半径为400~800m。

（4）特色交通

规划沿环状绿道系统布局了一条PRT个人快速公交线路，串联了片区内的各个重要功能板块的中心区域。同时，在对龙站设置一换乘站，实现新区中心区内与东西快线的交通换乘与接驳。

（5）步行系统

环状绿道系统是新区中心区主要的步行骨架，其他步行系统围绕各个功能片区展开，串联各个功能片区的中心区，并最终由若干通道串联到环状绿道上。

3.景观支撑

规划将建设多处公园和广场开放空间，用以提

升新区中心区环境品质，带动周边地块土地开发，将城市绿化景观设施与城市功能相结合，构筑现代化生态型的山水园林城市。这些公园和广场所形成的开放空间共同构成了新区中心区内的开放空间系统。规划区最终形成"1条环状慢行绿道、2个社区公园、4个景观广场和7个主题公园"的开放空间景观布局。

4. 生态低碳措施

新区规划首先强化生态廊道的建设，保证城市生态网络本底，对区域内生态本底资源分类保护、改造，并加以利用，构建生态斑块、生态廊道、生态基底三级生态结构。通过布置生态湿地、建设生态节能建筑、设置低碳减排措施门槛等技术手段，构建新一代生态新城。

5. 弹性发展，风险可控

（1）组团模式开发

构建功能组成相对独立的组团式布局模式，避免前期大规模基础设施开发的投入，降低开发建设的风险，"建一片，成一片"，不鼓励整体铺开式发展。

（2）弹性用地模式

新区中心区、国际城能否建设起来，关系到众多未知因素，如国家级新区的申请、未来新区的发展动力、政策支撑力度、中孟印缅四国关系走势等，基于以上因素的考虑，新区中心区规划留有充分的弹性，应对未来城市开发和实施的风险及变化。

考虑到众多外部因素的影响，在失去发展动力的时候，可以依托对龙湖公园，置换为一个旅游或公园地产，形成一个功能完整的居住组团以应对未来城市开发的种种风险。同样，中央商务区包括商务办公、区域金融中心、五星级酒店、SOHO公寓等功能，未来可以弹性置换为商住混合和居住等功能，以应对未来城市开发的种种未知风险。

（3）分期开发策略

一期拟开发期为1~3年，生态保护为先，塑造形象为主。以滇中大道为分隔，将牛栏江生态水源保护地率先确定下来，而后主要以对龙湖公园形象和景观的打造为主，包括政务中心、对龙广场、新区管委会等项

图例
① 政务中心 ⑪ 主题酒店 ㉑ 对龙站 ㉛ 国际医院
② 对龙广场 ⑫ 国际风情园 ㉒ 酒店式公寓 ㉜ 国际学校
③ 新区管委会 ⑬ 对龙塔 ㉓ 影剧院 ㉝ SOHO
④ 国际会等中心 ⑭ 滨水栈道 ㉔ 欢乐海岸主题商业街区 ㉞ 对龙站
⑤ 五仙级酒店 ⑮ 生态湿地 ㉕ 昆明印象园 ㉟ 生态住区
⑥ 国际文化交流中心 ⑯ 市民广场 ㉖ 滨水休闲娱乐（堆土建筑） ㊱ 国际总部中心
⑦ 策室 ⑰ 滇中大厦 ㉗ 国际风情商街 ㊲ 四国总部中心
⑧ 印象昆明水上表演 ⑱ 区域金融中心 ㉘ 餐饮美食街 ㊳ 国际商业贸易中心
⑨ 印象昆明水上表演 ⑲ 商务公园站 ㉙ 商住混合 ㊴ 云南大观园
⑩ 滇中广场 ⑳ 商务办公 ㉚ 社区商业服务

目，从而带动新区的发展，力争1～3年形成初步形象。

　　二期拟开发期为3～5年，交通提升，轴线带动。随着东西快线的修建，新区中心区设置对龙站，依托轨道站点，辐射和带动周围用地的发展。

　　三期拟开发期为5～10年，塑造品质，全面提升。随着新区道路和内部轨道系统的修建，交通可达性的提升，三期将开发建设新区中心区其它腹地，全面提升新区活力和形象。而后，随着国家级新区的申请、相关政策支撑和中孟印缅合作议程的确定，规划最终推动发展国际城部分。

五、结语

　　昆明，一个教科书般的山水城市，传统城市选址和空间营造充满智慧，这是它特有的城市记忆，也是昆明最为响亮和夺目的"城市名片"。

　　希望本次规划实践，能够对于今后城市建设中城市风水环境的延续、城市特色的营造、城市文化的传承、城市记忆的延续，尤其是"山、水、城"交融共生的关系如何在新的城市设计中延续起到借鉴和参考的作用。

参考文献

[1] 朱琳祎. 昆明城市特色的挖掘保护与继承发展研究[M]. 中国城市规划年会学术论文，2012年.

[2] 张捷，李婷. 基于山水营城的古城格局整体保护研究：以昆明历史文化名城保护规划为例[M]. 2013中国城市规划年会论文集，2013.

[3] 刘沛林，孙则昕. 风水的有机自然观对新的建筑和城市规划的启示[J]. 城市规划会刊，1994年.

[4] 邱强. 山水城镇景观生态空间格局营建的风水思想初探：以潼南古溪镇规划为例[J]. 城市景观，2009.5.

作者简介

宝音图，北京清华同衡规划设计研究院有限公司，详细规划中心详规一所，项目经理；

王　勇，北京清华同衡规划设计研究院有限公司，详细规划中心详规一所，项目经理；

李仁伟，北京清华同衡规划设计研究院有限公司，详细规划中心详规一所，所长。

21.半城山水半城街空间示意
22.对龙湖空间效果示意

基于传统规划理念的绿道网络构建方法研究
——以山东省烟台市为例

Greenway Network Construction Research Based on the Traditional Planning Concepts
—A Case Study in Yantai, Shandong

王慧慧 郑甲苏
Wang Huihui Zheng Jiasu

[摘　要]　构建集民生、环保、生态、教育、休闲和经济等功能于一体的绿道网，是深入贯彻落实科学发展观、改善区域生态环境，促进我国宜居城乡建设，提高城乡居民生活品质的重要举措。本文从绿道的思想起源作为切入点，深入分析了绿道建设的重要意义，以及绿道的基本构成和开发策略，并以山东省烟台市为例，从人口规模和发展方向、通风廊道及其他影响因子等3个角度进行了叠加分析，对绿道网络的构建方法进行了探讨。

[关键词]　天人合一；绿道；规划设计

[Abstract]　The greenway network, whose functions include people's livelihood, environmental protection, ecology, education, recreation and economic, is not only the important measures to thoroughly implement the scientific outlook on development and improve the regional ecological environment, but also the important ways to promote livable urban and rural construction and improve the quality of life of urban and rural residents. This paper starts from the ideological origins of greenway, and analyzes the significance of the construction of the greenway, and introduces the basic structure and development strategy of the greenway. taking Yantai country Shandong province as a example, this paper has carried on the overlay analysis from the aspects of population scale, the development direction, ventilated corridor and other factors, and then construction methods of the greenway network are discussed.

[Keywords]　Harmony between Man and Nature; Greenway; Planning and Design

[文章编号]　2016-70-P-084

1.美国橘子郡人行道体系及开放空间规划
2.绿道分类示意图
3.绿道分级示意图
4.烟台区位图
5.烟台滨海景观

一、引言

大多数文献认为，绿道思想的源头可以追溯到弗雷德里克•劳•奥姆斯特德（Frederick Law Olmsted）和他1867年所完成著名的波士顿公园系统规划。经过一个多世纪的理论探索与建设实践，绿道的规划建设逐渐成熟和完善，已成为世界各国解决生态环保问题和提高居民生活质量的重要手段。对于我国来说，绿道这个概念可以算是舶来品，但是绿道的表现形势却可以追溯至先秦时代。在当时背景下，由于生产力极其低下，绿道的雏形主要是因为人类无法改变自然而被迫接受的结果。随着物质文明和精神文明的不断提高，人类才逐渐意识到建立人与自然两者之间平衡的重要性，并主动寻求建立这种平衡。1940年代，大伦敦规划建设了环城绿带及与之相联系的绿色通道网络，之后逐渐发展成为国外正在大规模建设的"绿道"。通过有机规划将相互独立、分散缺少系统性的绿色空间进行连通，形成综合性的绿色通道网络，简称"绿道网"，起到兼顾生态、游憩和社会文化三个功能——保护自然生境、建设游憩地、保护文化资源。

烟台市地处山东半岛东部，濒临黄海、渤海，与辽东半岛及日本、韩国、朝鲜隔海相望。烟台山海相拥，风光旖旎，四季分明，景色秀美。

经过多年的发展，烟台在城市生态文明建设方面已取得了巨大成就，近年来先后获得了"全国文明城市""国家园林城市""国家环保模范城市""中国最佳魅力城市""国际葡萄•葡萄酒城""中国绿色食品城"等城市名片以及"中国人居环境奖""联合国人居环境奖"等荣誉称号。在城市绿色发展和生态保护方面走在国内城市的前列。

改革开发以来，烟台市在经济社会发展中取得巨大成绩的同时，其以传统增长方式为特征的快速城镇化和非农建设用地的无序扩张也对生态环境造成了巨大冲击。在此背景下，建立人与自然平衡的重要方式之一——绿道的建设顺势而生。本文以烟台市为例，以期为城市绿道的规划建设探索提供一条研究途径。

二、绿道的思想起源及现实意义

1. 思想起源

自公元前1000多年的周代开始，中国就有了绿道规划的意识，如修的"周道"已经在绿化养护方面开了先河。据《诗经•大东》记载，"维北有斗，西柄之揭"，意思是说天空北面有北斗，周道像一把朝西的勺柄，连结了七星。东汉训诂书《释名》解释道路为"道，蹈也，路，露也，人所践蹈而露见也"。自古"草露"在中国文学中最为多见，可见，在人畜共路的古代中国之路亦为"绿道"。

随着生产力的发展、对文化交流和生活条件的需求增大，很多充满线性规划哲学和体现人与自然和谐的中国"绿道"雏形陆续出现。比如秦代修建的"驰道"，以及后来的京杭大运河、丝绸之路和茶马古道，都可看作是古代的绿道。这些在绿林沃野之间、在河川溪流之畔开辟出的条条"绿道"，既遵循了风水气脉的走向，又方便大众出行，联络各地风情和经济文化，同时对属地政权维护和管理大有裨益。可以说，以上的绿道规划思想都体现了中国"天人合一"的生态观，该理念不仅是是珍贵的世界文化瑰宝，也是今天城市发展的建设准则。

2. 现实意义

（1）维护区域生态安全

区域绿道的建设以绿化缓冲区为生态基础，串

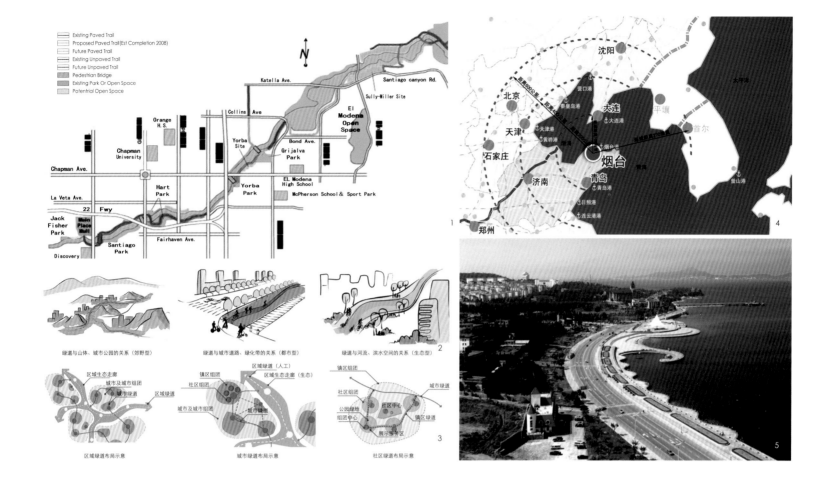

绿道与山体、城市公园的关系（郊野型）　　绿道与城市道路、绿化带的关系（都市型）　　绿道与河流、滨水空间的关系（生态型）

区域绿道布局示意　　　　　城市绿道布局示意　　　　社区绿道布局示意

联起破碎化的生态斑块和生态廊道，有助于完善生态网络，增强生态空间的连通性；能够保护动植物的物种多样性，为野生动物提供栖息地和迁徙廊道；还能够吸收水面、树林和灌木丛中的污染物，起到净化空气、改善环境和维护区域生态安全的作用。

（2）提高区域宜居性

区域绿道可以将城市内部的公园、绿地等开敞空间与外部的自然保护区、风景名胜区等区域绿地串联起来，形成集生态保护与生活休闲于一体的绿色开敞空间网络，在保护生态环境、缓解城市热岛效应的同时，能够为居民提供户外活动空间，将极大促进宜居城乡建设。

（3）促进内部经济增长

建设区域绿道除了带来生态效益外，还能直接带动旅游观光、运动健身、宾馆餐饮等休闲产业和交通运输、文化娱乐等相关行业的发展，间接带动或影响农业、建筑业、房地产业等的发展，提供更多的就业岗位，进一步扩大内需并促进消费，拉动绿道沿线地区经济增长。

（4）保护历史文化资源

通过建设绿道网，可以串联起历史文化名镇、名村、传统街区、文物古迹等众多历史文化资源，充分发挥绿道对各类发展节点的组织和串联作用，尽可能发掘并展示本地具有代表性的特色资源，不仅使历史文化资源及周边的环境得到有效保护，同时还有利于强化城市的文化特色，提高居民的地方归属感和自豪感。

3. 绿道的基本构成及开发策略

（1）基本构成

①绿廊系统。绿廊系统由绿化保护带和绿化隔离带组成，是绿道的生态基地，主要由地带性植物群落、野生动物、水体、土壤等生态要素构成，是绿道控制范围的主体。绿廊系统的设置应最大限度的保留原有植被，注重乡土植物的维护和利用。

②慢行系统。慢行系统包括步行道、自行车道或集两者于一体的综合慢行道，其设置应遵循生态影响最低限度的原则，不宜在生态敏感区过多铺装硬质慢行道，避免干扰野生动植物的生境。应在满足使用需求的基础上，利用现有河堤、机耕路、道路防护绿带，根据绿道类型和所在地区的不同，采用不同的建设标准。

③服务设施系统。服务设施系统主要包括户外活动中心和驿站。可根据绿道功能设置和管理维护的需要，配套建设管理设施、商业服务设施、游憩设施、科普教育设施、安全保障设施、环境卫生设施，以及为保障绿道正常使用而必须配置的其他市政公用设施等。

④标识系统。标识系统包括信息标识、指路标识、旅游标识、规章标识和警示标识等，具有引导、解说、指示、命名、禁止和警示等功能。标识的文字、图案、规格和色彩为强制性内容，标识的材质、内容设置等可结合实际自行确定。

⑤交通衔接系统。交通衔接系统包括绿道与区域交通系统和城市交通系统的衔接。通过开辟绿道出入口、建设绿道连接线、设置交通换乘点、完善停车设施配套等措施，提高绿道的可达性。同时，要重点做好绿道与机动交通通道和河流水道的交叉处理，确保绿道使用安全。

（2）分类分级

绿道的选址（选线）注重生态空间的延续和多样化，强调充足的绿色生态廊道的控制，因此在类型上包括生态型（远郊）、郊野型（近郊）和都市型（市区）三种类型。

6

生态型绿道——主要沿城镇外围的自然河流、小溪、海岸及山脊线建立，控制范围宽度一般不小于200m；

郊野型绿道——主要依托城镇建成区周边的开敞绿地、水体、海岸和田野，通过登山道、栈道、慢行休闲道等形式而建立，控制范围宽度一般不小于100m；

都市型绿道——主要集中在城镇建成区内，依托人文景区、公园广场等及城镇道路两侧的绿地而建立，控制范围宽度一般不少于20m。

绿道分为区域、城市、社区三个级别。

区域绿道——结合区域性生态系统构建；

城市绿道——结合城市生态廊道构建；

社区绿道——结合社区级公园及中心绿地构建。

4. 开发策略

（1）衔接落实区域路网

绿道建设影响要素很多，上层次规划及相关规划等政策要素也是影响绿道选线的重要因素之一。在参考、借鉴已有规划成果的基础上，应明确限制性因素，实现绿道网布局与城乡空间布局、区域生态格局、区域交通网络等方面的衔接。

（2）契合城市空间形态

绿道的建设与城市空间发展是相辅相成的，应重点研究绿道的布局和沿线城市产业、居住、公共设施等各种功能在空间上的相互协调和呼应，使彼此之间能够相互兼容，这样既能提高绿道的使用效率，同时又可缓解土地高强度开发给生态环境造成的冲击。

（3）重塑地域空间特色

绿道建设在我国经历了理论引入、建设摸索、建设实践和全面推广四个阶段，绿道规划设计也从单纯进行慢行道的规划设计，到以突出城市特色为主要目标的全方位的绿道规划设计。因此，绿道规划建设活动在完成绿道基本建设要求的基础上，也应从挖潜地方特色、彰显城市魅力、体现文化特色方面入手，进行基于城市特色的绿道建设。

（4）衔接城市交通系统

交通网络是绿道网建设的重要支撑，绿道网要与交通网实现有机衔接，通过换乘系统方便居民进入。在保障交通安全的基础上，强化绿道与轨道交通站点、高速公路出入口衔接，引导游客经轨道交通、高速公路便捷使用绿道；强化绿道与城市公交系统和慢行系统的衔接，在为城乡居民提供休闲游憩空间的同时，为居民特别是中小学生提供安全舒适的出行路径。

5. 烟台市绿道规划设计实践

《禹贡》把中国山脉划为四列九山。烟台市中心城区河网密布、山体林立，留下了许多先辈们建造的珍贵古迹和风水林木。因此，在"天人合一"的规划理论指导下，基于烟台市的自然生态格局和城乡发展状况，亲近自然重新布局和挖掘城市原始绿道，以海、山、河、林、田为要素，通过对城市总体规划和主城区规划期内的用地发展方向；烟台市通风廊道；绿道选线影响因子这三大方面进行充分的研究。

（1）城市总体规划与用地发展方向

①烟台市城市总体规划确定2020年，主城区人口规模达到280万人左右，主城区建设用地面积约311km^2。

②主城区规划期内的发展方向为"东拓、西联、南进、北展、中优"。空间增长边界向西控制在与蓬莱市潮水镇的分界线以内，向北控制在海滨以内（包括养马岛、崆峒岛全境），向东控制在与威海市的分界线以内，向南控制在福山高瞳镇、莱山院格庄街道、牟平姜格庄街道等行政边界以内。

优化"多组团多核心的滨海带状组团城市结构"，形成"三大板块"结构，实现东西联动与南北辐射的网络格局，促进行政区划向功能区划的逐步转变。三板块为西部高端产业集聚板块、中部现代服务业集聚板块、东部高技术海洋经济新区板块。六组团为芝罘、莱山—高新、牟平、福山、开发区、八角。

（2）通风廊道—氧源

规划从能够给城市带来新鲜空气的廊道适宜方位进行充分的研究，以确定城市的绿地、绿道氧源。

一般而言，城市可由大气流动从外界获得足够的氧气，即通过其他地方大面积的植被实现新鲜空气的充足供给。然而在静风及低风速条件下，城市会在大气污染物无法顺利排出的同时，出现由于氧气大量消耗得不到及时补充造成的局部缺氧问题，有害于人体健康。

氧源绿道的方位与常年风频有很直接的关系。新鲜空气的来源是城市的上风方向，非上风方向森林绿地产生的氧气多不能为城市所利用。然而对于烟台而言，全年的风向变化很大，常年主导风向为北、西南向，因此氧源绿道的重点设置方位主要应该位于城市的北部、西南部及南部。烟台市全年风向多变，特别是春季平均风速为全年最高，但风向比较凌乱；全年主导风向虽以东、东南、南方向为主，但南向年平均风速最小；而西北偏西风频不高，但风力很强，是全年风速水平最高的方向。由此判断适宜烟台市建设氧源林地的地点不仅在东、东南及南部，其他方向的氧源林地建设也是很有必要的，特别是西、西北、西南方向尤其需要注意。东北方向风频不高，而风速最低，因此林地设置重点功能需要以氧源为主。

（3）绿道选线影响因子

本次绿道规划选线经过综合分析，选取了以下因子进行比较和研究（表1）。

①道路分布因子分析——四通八达

烟台规划道路系统由"一轴四联"（一轴为：荣乌快速，四联为疏港快速、沈海快速、观海路、机场快速路）的城市快速路网络和纵横交错的主干

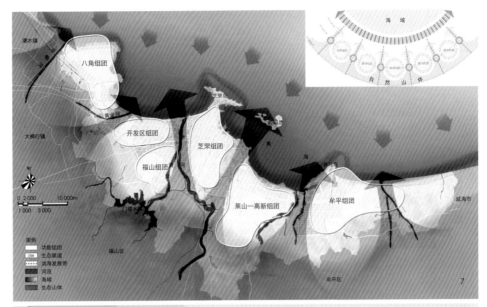

10

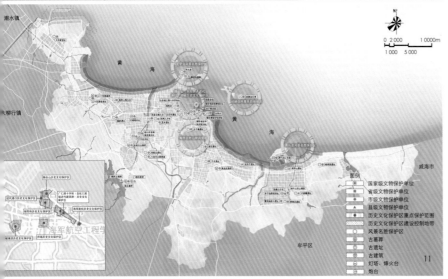

11

12

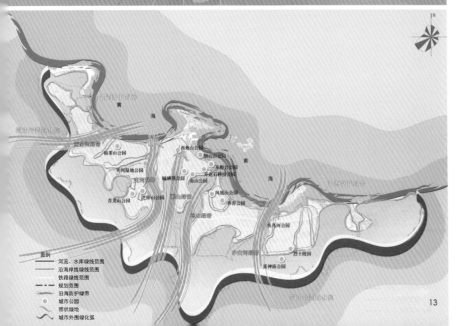

13

路、次干路和支路构成。规划城市道路网络四通八达，强化了城市组团间区域联系，支撑了城市用地开发，满足了市民出行需求。

表1　　　　　绿道选线影响因子分析

主因子	道路分布因子	水域分布因子	景点分布因子	绿地分布因子	人口分布因子
子因子	城市快速路、城市主干路、城市次干路、城市支路	河流溪涧、湿地沼泽、湖塘水库、海洋滩涂	自然景观节点、公园绿地节点、休闲健身节点、历史文化节点、科普教育节点、地方特色节点	公园广场绿地、生态保护绿地、交通防护绿地	居住用地、公建用地、教育用地

道路分布因子可分为城市快速路、城市主干路、城市次干路、城市支路4类子因子。

城市快速路主要功能为区域交通功能，快速路的通达性对市民慢行出行的影响较小。城市主干路以下级道路与市民慢行出行息息相关，主干路以下级道路的通达性对绿道的选线有重要的影响。

②水域分布因子分析——海纳百川

烟台城市北临黄海，南靠群山，地势南高北低，形成了由南向北平行的地表径流廊道，最终注入黄海。烟台中心城区水域主要因子主要包括河流溪涧、湖塘水库、湿地沼泽和海洋滩涂。

水域分布因子可分为河流溪涧、湿地沼泽、湖塘水库、海洋滩涂4类子因子。

海域服务覆盖范围较大，服务对象主要包括本地市民和外地游客。其他水域服务覆盖范围较小，对象主要为滨河居住的市民。部分景观质量较高的水域景点服务覆盖范围可适当扩大，主要服务对象可包括本地市民和外地游客。

③景点分布因子分析——星罗棋布

烟台是国家历史文化名城，中国最佳休闲城市，中国十大最美丽城市之一，被誉为"山海仙市"。旅游资源丰富，优美的自然风光和人文景观在市区星罗棋布，提升了烟台的文化内涵，主要包括著名景点养马岛景区、烟台山景区、塔山风景区、金沙滩海滨公园、张裕酒文化博物馆等。

景点分布因子可分为自然景观节点、公园绿地节点、休闲健身节点、历史文化节点、科普教育节点、地方特色节点6类子因子。

热门节点服务覆盖范围较大，服务对象包括本地市民和外地游客。其他景观节点服务覆盖范围较小，服务对象主要为附近居住的市民。

④绿地分布因子分析——斑驳陆离

烟台市根据特定的地理位置和作用，因地制宜，遵循城市园林绿化建设的发展规律，建成融山、海、河、岛于一体的"山耸城中，城随山转，海围城绕，城岛相映"的现代化山水园林城市。安排烟台市不同种类的绿化布局，体现五个结合：市郊结合，大小结合，点、线、面结合，绿化与净化大气结合，近远期规划相结合。做到点、线、面、带、网、环相衔接，布局均衡合理。

绿地分布因子可分为公园广场绿地、生态保护绿地、交通防护绿地3类子因子。

市级公园绿地、景观质量较高的生态绿地服务覆盖范围较大，

 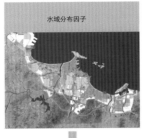   

道路分布因子　　水域分布因子　　景点分布因子　　绿地分布因子　　人口分布因子

14

10.烟台市区道路分布图
11.烟台市区景点分布图
12.烟台市区绿地分布图
13.烟台市区绿道规划图
14.绿道影响因子分析图

服务对象包括本地市民和外地游客。其他绿地服务覆盖范围较小，服务对象主要为附近居住的市民。

⑤人口分布因子分析——疏密有致

人口分布依据城市规划中的居住、公建及教育用地布局方案。烟台人口分布疏密有致，人口高密度片区主要分布在芝罘组团、莱山—高新组团、牟平组团、开发区—八角组团、福山组团的中心片区，各个组团的外围片区人口分布较稀疏。

人口分布因子可分为居住用地、公建用地、教育用地3类子因子。

绿道选线应考虑人口分布情况，优先考虑居住用地分布，其次是公建用地分布，针对烟台教育用地较多，分布密集的情况，本次分析也将教育用地师生对绿道的影响纳入分析过程。

因子叠加分析——运用GIS软件分别对各类影响因子进行子类因子（小类）影响分析，根据子因子（小类）的影响程度设置不同的权重比例，叠加分析后形成各类因子（大类）的总分值。

根据道路交通因子、水域分布因子、景点分布因子、生态绿地因子、人口分布因子5大类因子对绿道的选线的影响大小进行分别赋值权重比例，最后对各类因子（大类）的总分值进行叠加分析，形成绿道选线适宜性分析图。

结合以上分析及烟台特有的山海空间环境特色，充分利用城中的水系和隔离绿化组织城市绿地，依托北部海洋，通过河流、城市街道等廊道向南部山体生长，并串连烟台重要的景观核心节点，以达到统筹兼顾城乡发展，实现以海兴城，城市带动乡村全面

发展。根据GIS软件分析得出的绿道选线适宜性分析结论，提出烟台市绿道网总体框架结构——"一弧一带、五廊、十五园"方案。

形成"点""线""面""环""楔"相互渗透的绿道网络模式。

一弧：指沿城市外围的绿化环，沿绕城高速、黄烟铁路和外环路的城市环城弧状绿带，主要指由绿化苗圃、果园、经济林、城市风景林地等组成的绿弧，同时控制城市周边山体植被作为城市绿化背景。

一带：指烟台市区北部沿海的防护绿带，包括芝罘岛，整个绿带对于烟台市中心城区防风固沙、固碳送氧具有至关重要的生态作用。

五廊：城市组团间的五条带状绿地，分别为黄金河绿带、夹河绿带、莱山绿带、塔山绿带、辛安河绿带。五条带状楔形绿地贯穿城区，形成绿色通道，将市郊新鲜空气导入城市，联系山海空间。

十五园：其中包括七个市级综合性公园和八个市级专类公园。市级综合性公园分别为鱼鸟河公园、开发区福莱山公园、龙洞嘴公园、凤凰山公园、烟台山公园、南山公园、东炮台公园；市级专类公园分别为毓璜顶公园、西炮台公园、开花石科技公园、青龙山公园、芝阳山公园、体育公园、烈士陵园、雷神庙公园。

五、结语

在快速城镇化背景下，绿道的建设如何延续"天人合一"的规划理念，如何即能保持地域空间特

色又能促进当地经济发展显得尤为重要。我国的绿道规划设计还处于探索阶段，仍需进一步挖掘人与自然的关系，从而打造理想环境模式，本文以山东省烟台市的绿道规划建设为例，旨在抛砖引玉，能够引起业界共鸣。

参考文献

[1] 俞孔坚. 中国人的理想环境模式及其生态史观[J]. 北京林业大学学报，1990，12（1）：10-17.

[2] 方正兴，朱江，袁媛，等. 绿道建设基准要素体系构建：《珠江三角洲区域绿道（省立）建设基准技术规定》编制思路[J]. 规划师，2011（1）.

[3] 蔡云楠，方正兴，李洪斌，等. 绿道规划：理念•标准•实践[M]. 科学出版社，2013.

作者简介

王慧慧，烟台市规划设计研究院有限公司交通所所长；

郑甲苏，山西省城乡规划设计研究院区域与规划研究所主任工程师。

山水环境下的城市绿地系统规划
——以石门县绿地系统规划为例

Urban Green System Plan in Landscape Environment

陈治军 赵殿红 刘宗禹
Chen Zhijun Zhao Dianhong Liu Zongyu

[摘　要]　在《石门县绿地系统规划》中，利用生态技术和方法分析现绿化环境，并分三个层次进行规划。县域层面强调生态格局的保护，规划区层面注重与山水格局的结合，并利用低冲击设施减少雨水径流对城市的影响，中心城区的规划则侧重对不同的绿地分类提出具体的处理措施，指导今后城市的建设。

[关键词]　城市绿地系统；山水环境；海绵城市

[Abstract]　In the green system planning of shimen county, the ecologic technology and method is used for analysing the current green system. The plan is separated into three parts. The plan of the green system in the whole county emphasizes the protection of ecological pattern. The plan of the region focus on the combining with the surrounding, and using low impact facility to reduce the effect of the rainfall runoff. The plan of central city lay stress on the treatment measure to different green area and guide urban construction in the future.

[Keywords]　Urban Green System; Landscape Environment; Sponge City

[文章编号]　2016-70-P-090

1.区位图
2.县域NDVI归一化植被指数图
3.植被覆盖格局分析图

城市绿地系统规划作为落实城市总体规划，并指导下一步城市绿地建设的一项专项规划，其核心是要在深入调查现状基础上，根据总体规划和相关资料，科学确定各类城市绿地的发展指标，合理安排城市各类园林绿地建设和市域大环境绿化的空间格局。这表明城市绿地规划是在协调市域大环境基础上，对城市绿地进行的合理安排。要形成具有地方特色的绿地系统，就需要在对现状充分研究的基础上，提出科学合理的改进措施。在《石门县绿地系统规划》中，笔者从县域—规划区—中心城区三个层面，利用不同技术手段分析了现状生态格局，对石门县的绿地系统进行了科学的布局和设计。

一、背景分析

石门县位于湖南北部，湘鄂边陲，澧水中游。以山地为主，呈现弯把葫芦状地形，地势自西向东南倾斜，西北部群山叠翠，东南部平岗交错。在《石门县县城总体规划修改（2013—2020）》中对城市的定位是：湘鄂交界地区的重要城市，湘西北地区的铁路交通枢纽、商贸物流中心和能源基地，山水生态旅游城市。至2020年，规划石门县中心城区常住人口25万人，城市建设用地24.97km²。

二、县域绿地系统

1.现状生态安全格局分析

为系统分析石门县域的生态安全格局，规划采取了多种技术方法对县域的生态环境、水系进行分析，以期对县域的整体格局有宏观上的把握：

（1）归一化植被指数分析

NDVI归一化植被指数是用来反映绿色植被的生长情况、植被覆盖情况，其取值在-1至1之间。负值表明地面覆盖为云、水、雪等；0表示有岩石或裸土；正值表示有植被覆盖，且随覆盖度增大而增大。从图2可以看出，壶瓶山、东山峰农场、大同林场、仙阳湖、十九峰和白云山林场NDVI指数普遍大于0.5，植被覆盖情况较高，植被生长情况较好。石门县县城及其周边乡镇新关镇、蒙泉镇镇区所在地NDVI指数小于0.12，植被覆盖情况较差、植被生长情况较差。

（2）植被覆盖格局分析

通过遥感数据可以分析植被覆盖度，一般说来高植被覆盖区域分维系数小，人类活动少。从图3中可以看出：石门县县域内散布与并列指数（IJI）较低，其中高覆盖片区与全覆盖片区最低，表明植被覆盖较高的片区呈现圈层结构。

（3）生态斑块分析

渗透理论研究主要研究多孔介质中流体的运动规律，在土壤学、地下水水文学、生态领域有广泛的研究。景观生态领域认为生态交错带的延伸依赖于占据单元的概率P，P小于等于0.4时不存在渗透现象，p大于0.5928时，有机体可以从穿过整个生态斑块。（p值近似于植被覆盖率。）从图5中得出，石门县森林覆盖率高于60%的区域主要集中在壶瓶山、东山峰农场、大同林场、仙阳湖、白云山、十九峰和蒙泉湖区域，这些区域是石门县主要生态斑块，需要妥善保护。石门县县域内存在一条主要的廊道，南北向串联主要生态斑块，存在生态渗透现象，需要重点保护与改善。

（4）水系格局

石门县县域水系较多，其中最主要的水系为澧水和渫水。其中渫水及其支流流域面积广，汇水面积大，雨水径流长，是区域主要的雨水汇流、排放通道。至三江口前，县域范围内渫水的汇水面积约合2 626.9km²，汇水面积大、流速快，会对下游（澧水）泄洪带来冲击。中心城区及其周边水流长度小，雨水汇流主要来自白云山与十九峰。

（5）问题小结

通过对石门县域植被和水系的分析，可以发现存在以下问题：

①县域植被覆盖情况整体良好，但建成区植被覆盖情况仍存在一定待优化空间；

②县域高植被覆盖区域呈现圈层结构，相互间联系不足且形状简单，易受人类活动影响，故而存在生态安全隐患；

③县域生态斑块数量众多，但形状简单、破碎度大，人类活动影响严重；

④县域生态廊道结构简单，路径单一，未能有效联接县域主要斑块；

⑤县域水流长度长，溇水排洪对城区排水（澧水）影响较大，主要体现在流量、流速和水土流失等方面。

2. 规划策略

针对县域的生态格局问题，规划提出了以下策略：

（1）通过增加建成区城市绿地面积，提升城市绿地生态效应等方法提升建成区整体绿地覆盖效果；

（2）通过划定保护与缓冲地带，优化县域植被覆盖情况，控制人类活动强度，以保证高植被覆盖区域生态稳定性；

（3）明确县域生态斑块区域，修复斑块间联系，完善生态斑块整体性，修复斑块边缘，控制人类活动强度，提升生态斑块稳定性；

（4）明确县域生态廊道位置与范围，保证斑块间联系；控制廊道内及其周边活动强度，逐步恢复和提升廊道生态安全格局；

（5）明确县域水系蓝线，在溇水及其支流沿线划定防护绿带，改善水土流失情况，减小下游防洪排涝压力。

3. 规划目标

促进县域耕地、园地、林地、草地、水域等生态用地的融合和连接，形成以生态保护为主要目标，满足多种社会、文化和经济功能，构建多尺度、功能复合的城乡一体化绿色生态网络体系，并初步划定生态保护廊道，确保县域生态底线，维护县域生态安全格局。

4. 县域绿地系统规划

规划县域形成"一核心、三廊道、七斑块、多点"基质连绵的生态绿地网络结构。

（1）"一核心"是指石门山水城核心生态区，以石门县城区为中心包含城镇建设区的重要

景观绿地、城区南北的白云山和十九峰等生态敏感区域及生态控制区绿地等。这些绿地生态敏感性较高，对城市人居环境具有重要意义。

（2）"三廊道"是指澧水生态廊道、溇水生态廊道、森林生态廊道。"澧水生态廊道"为以澧水及其两侧绿化为轴带，东西向穿越县域的水绿相容的对外生态廊道；"溇水生态廊道"为以溇水及其两侧绿化为轴带，南北向的县域内部的水绿相容的生态廊道；"森林生态廊道"分为南北两段，北段自壶瓶山至东山峰向南联系仙阳湖、大同

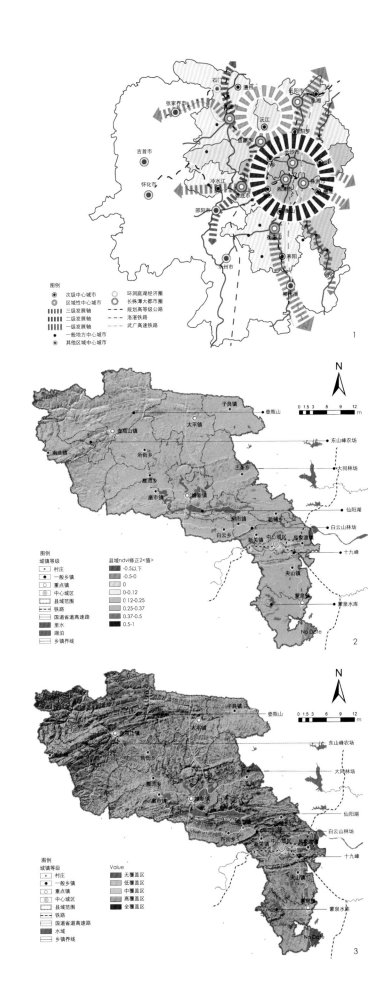

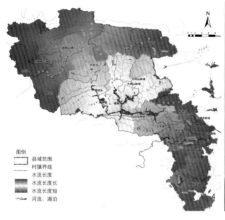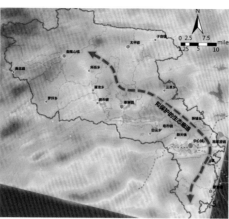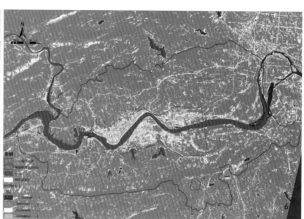

林场最后至白云山的山、林连绵带，南段是十九峰向南至蒙泉水库的山、林连绵带。

（3）"七斑块"是指壶瓶山国家级自然保护区、东山峰农场生态斑块、大同林场生态斑块、仙阳湖国家湿地公园、白云山生态斑块、十九峰生态斑块、蒙泉水库生态斑块。

（4）"多点"是指石门县下辖应进行绿地建设的城镇。

三、规划区绿地系统

一般的绿地系统规划只考虑县（市）域和县（市）区两个层面，本次规划增加了规划区的层面，一方面是为了将县域绿地系统更细致有效地与中心城区协调，另一方面也是和总体规划在空间上有相应的对接。

1. 现状分析

（1）生态格局

规划区范围内水体、基本农田、农林用地、湿地岸线分维系数（FRAC）均在1.2左右，斑块形态较为简单，易受人类行为干扰。

散布与并列指数（IJI）普遍较低，低于县域的平均水平，表明规划研究范围内各类型斑块之间连接情况单一，异类型斑块间联系受阻碍（对比县域）。

集聚指数（AI）较高，均大于90，表明斑块分布集聚。

分离度指数（SPLIT）的表现中农林用地、水体、基本农田各斑块之间的分离程度较低，同类斑块间易于联通。

（2）规划区绿地绿化覆盖情况

根据林业局的资料，石门县城市绿地的绿化覆盖率为49.5%，但空间分布不均衡，绿化覆盖主要集中在周边区域。从图6可以看出规划区绿化覆盖空间分布不均。

（3）规划区降雨情况

规划区降雨充沛，暴雨强度大。石门县中心城区周边地表径流流速较快，周边山体如十九峰、白云山有较大范围的区域流速较快，易造成水土流失。规划盆域面积大，雨水径流强度大、流速块，易冲刷表土，造成水土流失。

2. 规划目标

以建立可持续发展的人居环境为石门发展的根本战略，以"生态立县"为核心指导思想，以山水格局为自然基底，以海绵城市为建设标准，以绿廊水系为连接纽带，以城市公园为休闲主体，融山、水、城为一体，实现"500m见园、400m见景、300m见绿"的空间布局目标，逐步创建"山水石门，公园均布，绿网如织，人文辉映"的生态县城。

3. 规划区绿地系统规划结构

规划区形成"山水生态圈，绕城生态环，澧水生态轴，绿色生态网"的绿地系统结构。"山水生态圈"主要是由白云山旅游风景区、十九峰森林公园和三江口旅游风景区为主体的规划区内最外围的绿地生态圈层。"绕城生态环"是为阻止城市无序蔓延，引导城市空间布局结构而设立的沿中心城区外一定宽度的都市生态涵养带，主要有湿地涵养区、郊野公园涵养区、苗圃生态涵养区、农业生态涵养区、森林生态涵养区和月亮湖生态涵养区等。"澧水生态轴"是由澧水及两岸生态空间组成的石门县城重要绿化、风貌

景观轴，是沟通县城东西方向的重要生态骨架。"绿色生态网"是滨水绿地和绿道所构成的区域，沟通和联系县城外围的各种生态绿地，具有非常重要的生态意义。

4. 海绵城市建设技术引导

规划综合考虑主要地表雨水径流、分水岭与规划公园的位置，在中心城区范围内17个公园规划设置低冲击设施。其中包含老城区5个规划公园三江广场、方顶山公园、文化广场、东方广场、麒麟广场，以及新城区内的12个公园。澧水以南片区建设湿塘、雨水湿地、人工土壤渗滤设施。规划在雨水径流较快的区域如石清公路、红土路东侧等处建设雨水渗井，减小雨水径流，补充地下水。规划至少4个雨水预处理设施，从源头处收集、处理雨水，并对雨水再利用，减少中心城区外雨水径流对城市的影响。

四、中心城区绿地系统规划

1. 中心城区现状

（1）中心城区绿地系统现状

石门县中心城区绿地主要包括公园绿地、防护绿地和附属绿地，占城市建设用地面积约为32.56%，其中公园绿地占比较小。老城区与宝峰区绿地率普遍低于30%，其中大量地块绿地率低于20%。新建小区绿地率普遍高于30%，但仍有部分新建小区绿地率低于20%，主要集中在北岳路、民俗街两侧和市场路两侧。中心城区东南部地块绿地率较高，但主要以村庄用地为主。

（2）城区水系及防洪现状

中心城区水系较多，除澧水外，其余均为排水

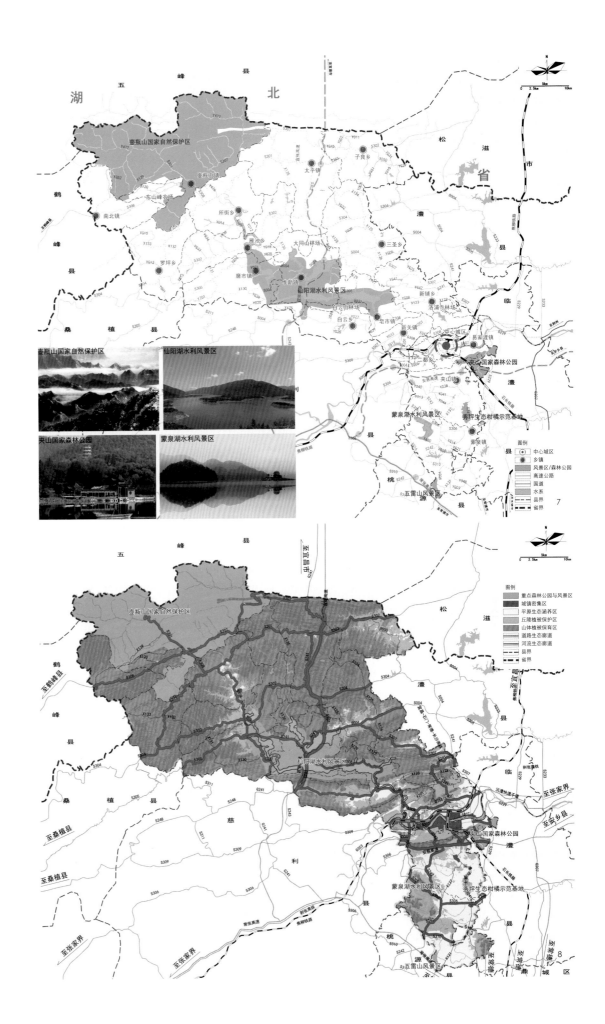

4.县域水流长度分析图
5.植被覆盖率高于40%的核密度分析图
6.划区绿化覆盖图
7.县域现状绿地格局
8.县域绿地系统规划图

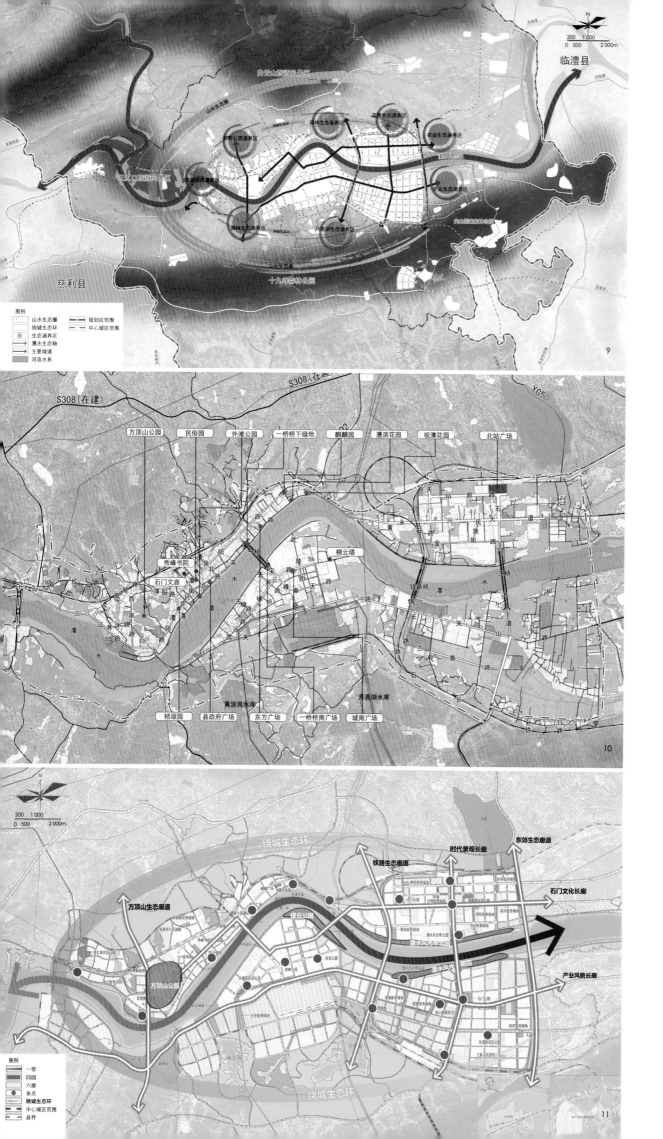

9.规划区绿化结构
10.中心城区绿地系统现状
11.中心城区绿地规划结构图

渠，规划在保留城市现有河流水系的基础上，通过疏浚、整治、新挖等措施，形成布局广泛、相互贯通的城市水系结构。

（3）现状小结

基于对中心城区绿地系统现状的分析研究，石门县中心城区绿地系统主要存在以下问题：

①绿地总量不足，公园绿地尤为缺乏；绿地分布空间不均，公园覆盖不足，未形成网络系统格局，老城区与宝峰区明显不足。

②澧水作为城市中的重要生态景观资源，老城区和宝峰区驳岸断面生硬，岸线资源并未得到有效利用。

③公园绿地、防护绿地等的选址和建设等方面缺少蓄水、净水等能力的考虑，未能充分利用现状排水沟渠两侧绿地；老城区雨水设施不足，宝峰区与东城区建设较为滞后。

④现状绿地功能类型较为单一，缺乏防灾避险绿地；公园绿地文化主题性不强，公园设施缺乏，休闲功能不足，无法为居民提供有一定文化品味的体验活动；现状防护绿地总量严重匮乏，目前仅限于老城区火车道南侧若干。

2. 规划目标

至规划期末，中心城区实现公共绿地（公园绿地）352.57hm²，人均公共绿地（公园绿地）面积14.10m²/人，达到《国家级森林城市建设标准》（≥14m²/人）。

3. 中心城区绿地系统规划

（1）规划策略

①梳理蓝带。澧水水系充沛，水质优良，东西方向贯穿石门县城，规划衔接县域、规划区水系安全格局，在满足防洪排涝的同时，注重带状滨水空间塑造。

②构建绿心。沿澧水两岸，依托方顶山、梯云塔等自然、文化要素，塑造点状城市绿心，提供市民休闲、游憩、娱乐的公共空间。

③编织绿网。组织城市道路交通与带状防护绿地、带状公园等线性城市绿地，串联城市外围生态片区，构建生态网络。

④优化多点。优化城市公园布置，综合考量各级公园服务半径，增设部分社区公园与街旁绿地，优化城市公园格局。

⑤低影响开发。根据绿地的位置、类型和特点，按照海绵城市理念，明确各类绿地低影响开发规划建设目标、控制指标（如下沉式绿地率及其下沉深度等）和适用的低影响开发设施类型。

（2）规划结构

规划城市绿地系统"环状+棋盘"结构，以道路绿带、防护绿带、成片公园绿地、滨水绿带形成"环状+棋盘"状，以各级公园绿地以及防护、生产绿地、附属绿地构成"棋子"绿点，构成"一带一环四园六廊多点"的城市绿地系统结构。

（3）海绵设施布局建议

①道路绿化带LID

道路绿化带LID集成设计包括：非机动车道路面、道路附属绿地、路缘石和排水系统方面。

②公共空间海绵城市建设做法建议

表1　主要公共空间海绵城市建设建议

地点	海绵城市建设做法建议
三江广场	结合旁侧绿地，作为消纳阎家溶排水片区市政雨水的生态湿地和缓冲区域，经过净化后再排入澧水
秀峰书院历史文化名园	澧阳路排水主干道沿线，位于已建城区，为缓解澧阳路排水的压力，建议布置地埋式蓄水模块，缓解雨水径流和排水压力
天门公园永兴街旁绿地	作为城市雨水的调蓄公园
石门公园	作为曹氏大沟的附属水体，提升水体对排水渠道的调蓄能力，同时结合雨水处理处置设施，满足补给城市景观水的需求

四、总结

虽然《城市绿地系统规划编制纲要（试行）》（2002）规定了绿地系统规划的主要内容及方法，但是如何形成地方特色的绿地系统，需要在编制方法上有一定的创新，《石门县绿地系统规划》中主要在以下几点形成自身特色：

1. 增加中观层面规划，形成县域—规划区—中心城区三位一体的绿地系统

如果说县域层面主要是确定城市绿化和山水环境的关系，中心城区是根据具体的绿化分类指导不同绿地的具体建设，那么规划区的绿地系统则是衔接市域和中心城区层面，从城乡统筹的角度，让中心城市的周边地区既能够融入山水环境，也能与城市发展方向一致，体现城市特色。

2. 在现状分析中引入生态学的技术，更有效的指导规划

一般规划中仅从用地方面分析现状绿地状况，但是在中观和宏观层面由于图纸比例较小，无法具体分析各项绿化用地，此时采用生态学的理论和方法，通过植被覆盖率、主要生态斑块的分析，可以更有效的掌握区域层面绿地的发展方向和限制条件，从而为城区绿地系统规划提供必要的技术支撑。

3. 结合海绵城市理念，提出相应的做法建议

在规划区层面设置各种低冲击设施减少中心城区外雨水径流对城市的影响，在中心城区则是结合不同的绿化节点提出具体的海绵城市的实施建议，从而让海绵城市理念能真正落实。

参考文献

[1] [美] I.L.麦克哈格. 设计结合自然. 中国建筑工业出版社.

[2] 建设部.城市绿地系统规划编制纲要. 2002.

[3] 石门县城市绿地系统规划（2013—2020）.

作者简介

陈治军，同济大学建筑与城市规划学院博士，国家注册规划师；

赵殿红，国家注册规划师，上海同济城市规划设计研究院；

刘宗禹，规划师，理想空间（上海）创意设计有限公司。

基于人文情感要素的城市设计框架构建
——以长乐洞江湖公园周边城市设计为例

Construction of Urban Design Framework of Human Emotional Factors
—Urban Design for the Changle Dongjiang River Park around Area

王 勇 李仁伟 刘 静
Wang Yong Li Renwei Liu Jing

[摘　要] 当前，随着城市发展建设理论的不断探索与完善，城市规划中的各种理论模型和数据分析都在促使我们的城市建设变得更加科学，但城市的情感要素却难以落实在城市规划体系中。笔者认为现代城市是复杂的巨系统，城市服务的核心主体是人，是提供人类多种生活需求的空间载体。城市除了提供人们工作、生活、居住等理性需求之外，应同样满足人们对于情感方面的需求。本文希望通过对长乐洞江湖公园工程设计及周边城市设计项目的介绍，探讨在城市建设快速发展的趋势下，城市建设如何能够体现当地地区人们的情感诉求，如何能够在城市设计层面构建人文情感框架，以及整个框架下如何通过具体的空间要素载体落实，能够切实提高当地人们对城市的自我归属感和认同感，使城市设计工作能够真正做到有"情"规划。

[关键词] 长乐；人文情感要素；策略

[Abstract] Presently as developing and improving of urban planning theories, all kinds of modeling or analysis makes our construction more reasonable. But the emotional factors have been not carried outin the system of urban plan. The author thinks that our city is the complicate Giant-System. The city should service people, it should be a place where provide variety ofrequirement. In addition to providing working, living and residing, it should meet the requirementfor the emotion. There is going to discuss the urban design how to reflect people's emotional appeals in this article, under the trend of rapidly development, by the introduce the project of the urban design surrounding area of ChangLe DongJiang river. How get tobuild a culture frame of human emotion in urban design. How get to carry out the space by the whole designing framework. How get to improve the locals' sense of belonging and identity to their city. And it made the urban design working can be a truly "emotion" planning project.

[Keywords] ChangLe City; Human Emotional Factor; Strategy

[文章编号] 2016-70-P-096

1.整体发展趋势分析图　　　5-6.基地概貌
2.水系文化脉络关系图　　　7-8.长乐地区文化现象
3.整体发展趋势分析图　　　9.传统村落风水格局
4.基地山体格局图

一、引言

改革开放三十多年来，我国经历了前所未有的城镇化时期，大量城市面临新城或是新区的开发建设局面。同样，新城规划建设也是当前城市设计工作中面临的最为主要的一种城市规划类型。城市是复杂的、多元的，而其服务的核心主体应该是人，城市不仅应该提供人们工作、生活、居住等需求，同样应该提供人们对于情感方面的需求。然而在城市生活中构成人类情感的要素可能不仅是有着悠久历史的文物古迹，承载人们感情寄托的常常是和普通的日常生活有着密切关系的元素。例如故乡的祖屋、山水、故道等，这些不能纳入文物古迹范畴的物质空间，却恰恰构成了人们的对城市的印象，对生活的追忆，成为人们的情感寄托。然而在新城的建设中，由于种种原因，这些不能纳入文物保护范畴的物质空间或景观格局，往往会被城市建设浪潮所吞没，世代生活的痕迹

被拭去，地域的特色被抹杀，最终形成毫无根基的城市新区。

本文希望通过城市规划实际的工作项目的总结分析，和大家共同探讨如何在已有城市设计工作框架下，同时体现当地地区人们的情感诉求，将孤立的、零散的而又承载人们记忆的物质空间元素整合构建，形成人文情感框架，形成形成建设的风水观，并将其融入在新城建设的初始构想的城市设计层面。以及如何在整个框架下通过具体的空间要素落实，能够切实的将规划所要保留控制的要素落实在实际的城市建设中，使之能够切实提高当地人们对城市的自我归属感和认同感。

二、项目背景

项目位于福建省长乐，长乐市是中国著名侨乡，文化源远流长，素有"海滨邹鲁、文献名邦"之

称。依据大福州城市长乐市总体规划，整个市域内由"临江城、空港城和滨海城"构成的组合城市空间结构。而从整体空间格局上临江新城是大福州东扩南进、长乐并市西接的重要节点，本次规划范围所在地——洞江湖，即是临江城的重要组成部分。

长乐吴航地区水网密布，区域内主要水系为有洞江，又分上洞江、下洞江，项目位于上洞江下游地区。洞江湖水面宽度适宜，生态本底优越，是长乐境内景观资源最为优越的地区之一。政府部门意图在城市大规模建设尚未启动时，保证洞江湖片区的优质景观资源，控制两岸公共资源的不受侵占；并可通过景观公园的建设、环境的提升为先导，带动周边地块价值提升，从而有效引导城市开发建设。

在整体分析了长乐地区的城市发展格局、文化脉络、风土人情等多面现状要素，发现通过对长乐地缘背景、传统文化，社会生活习俗等方面的研究发现，长乐地区人们有着浓厚的家乡情结。而长乐的

城市建设动力有很大程度上是和当地人这种情感诉求结合在一起的。规划从这一十分具有当地特色情感特点出发，思考具有浓厚地域特色的物质空间要素和风俗活动背后的"人"的情感需求，通过对相关"情感"要素整合，形成一套能够落实在空间要素系统中的框架，并融入传统城市设计内容之中，保证城市新区的建设能够影射出当地人们对故乡情结的情感诉求。

三、人文情感框架的构建

1. 社会文化现象

（1）宗祠文化

宗祠文化是深根于长乐地区百姓骨髓的传统文化之中。长乐地区民间建造宗祠非常普遍、以姓氏为根源，婚丧嫁娶均要在本家祠堂举行，而且至今仍然延续的这种习俗，另一方面，如前面所提到的，曾经由于经济、战乱等原因造成大量人背井离乡，流离海外。而宗祠则成为他们落叶归根，寻根问祖的最大依据。因此，宗祠文化是体现长乐人们故乡情结的一个重要元素。

（2）"反哺"文化

在外奋斗的长乐华侨长期以资金形式"反哺"家乡，在家乡投资建厂，修缮祖屋，带动家乡经济发展；此外，长乐地区村级公益行动众多，村内大到道桥建设，小道路灯座椅都由从本村走出的成功人士捐献，此种现象十分普遍。

（3）科举文化

长乐地区历史上共走出了11名状元、955名进士，规划区内营前镇还保留着科举进士的牌匾，记载本村族人科举仕途。建国以后，许多村镇仍对家乡走出的人才保持记录，汇编成册。

（4）龙舟文化

长乐地区民间端午斗龙舟相当隆重。每逢端午佳节，在外打拼的人都会回到长乐，代表自己村子参加龙舟比赛。龙舟比赛以村为单位，村民集资购置龙舟，自发组织训练，热情十分高涨，当地人对赢得龙舟比赛带来的荣誉相当重视。

2. 文化表象背后的内因

由于历史原因，建国早期福建地区有大量的人们移居海外，据统计长乐地区有海外华侨、外籍华人10余万，所以长乐是福建省著名侨乡和台胞祖籍地之一。常年飘泊在外的华侨，内心深处存在一种浓厚的乡情。而长乐地区这些具有鲜明特点的社会文化现象，或社会生活层面、或精神文化层面、亦或物质空间层面，这些文化表象后都无一不显露出长乐地区深厚的根亲文化。而这种根亲文化表现在当地人深深的"故乡情结"这一情

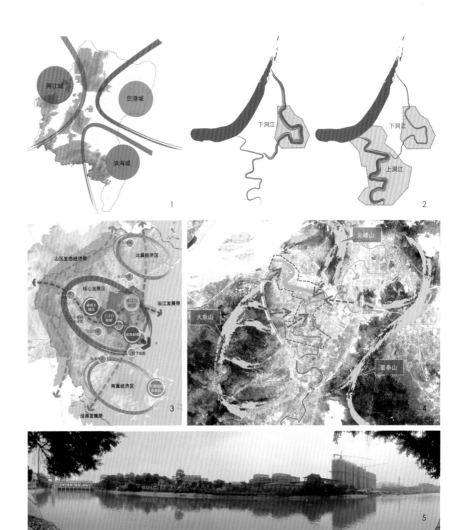

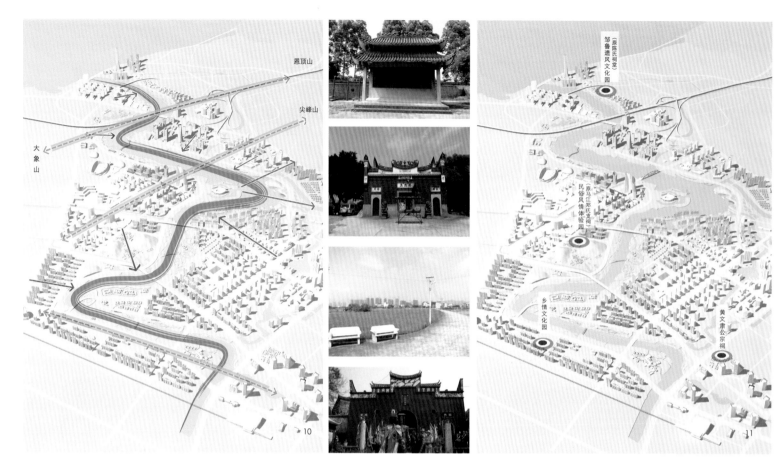

10.观山廊道控制图
11.堂保留分析图
12.山水格局控制
13.城市设计总平面图

感要素上。在某种程度上长乐人们的这种厚重的故乡情结，是长乐地区城市建设、经济发展的一项非常重要的隐形因素。规划应对文化表象后背后的内因深入分析，并在在新区的开发建设过程中形成能够满足当地人情感诉求的物质空间载体，新区的建设才能够传承城市的文化特色，延续当地的社会人文架构。

3. 风水承载要素的挖掘

人们对故乡情结的寄托，是通过有代表性的实体元素、传统活动及一些重要的空间场景等要素实现的。通过对项目基地特征的分析和判断，可以总结出以下特征元素是构成长乐地区故乡情结的重要情感要素：

（1）"山"——空间背景

长乐老城区周边存有大小多座山体，山体多以公园的形式保存，"城"与"山"的关系十分融洽，而山体多以背景的形式衬托城市的空间风貌，此种山城相融的城市风貌构成了长乐人们对家乡的整体印象。

本次规划区处于东西两面群山簇拥之中，基地内为开阔的冲积平原，整体地势较为平坦。场地周边的山体主要分布在东西两侧，并由大象山、和董奉山三个主要山脉的延展面形成三个方向的视觉界面，而局部区域有大象山的余脉，山体的支脉和余脉延伸到城市范围内并指向上洞江，形成山水相融的关系。

（2）"水"——文化脉络

长乐位于闽江口南岸，区域内水资源丰沛，河网密度，平原上水道纵横交错，灌溉便利。因此，长乐地区水城相依特点十分明显。"择水而居，得水生城"，水在当地人们生活中扮演者重要的角色。在当地水被认为是福的象征，凡是好宅子必有水经过，人们对水有着格外的偏好。因此，"水"与当地人们的生活具有特殊的关系，是构成人们情感的重要元素。

另外，洞江是长乐城区内最为主要水系，本次规划范围的主体——洞江湖，就位于上洞江流域。据历史文献记载，历史上下洞江流域非常宽阔，航运发达。现长乐古老城区就位于下洞江流域。经过历史变迁，下洞江逐渐萎缩，上洞江河道逐渐扩展成今天的规模，当前长乐城区也开始向西逐渐扩展到上洞江流域，长乐的城市建设一直以洞江水系作为依托。所以，从历史的时间纵轴上来看，洞江水系可以被看做

是长乐城市的发展脉络。

（3）"屋"——人文载体

基地现状村落较多，村落多依河而建，部分村落的山水格局的选址依山傍水，枕河而居，村落的和周边山水融为一体，符合我国传统经典的理想风水格局，是传统村落选址的典范，虽然大部分村落内的传统建筑风貌已经经过更新，不复存在，但这种山水人居相互融合的画面正是当地人文载体的表现之一。

基地内村镇内保存有大量的祠堂，而和祠堂相联系的人文生活习俗依然存在，是当地社会架构中极为重要的文化载体。且祠堂依然保存着闽风建筑的特色，是体现当地风土人情和社会习俗的重要元素。

（4）"景"——传承空间

长乐地区历史悠久，早在三国时期就有记载："吴以会稽南部都尉属地设建安郡，置典船校尉，集结谪徙者在此造船。"至今有上千的建城史。长乐和我国的大多数城市一样，城市的许多古景遗迹已经消失不见，能留存下来的也是寥寥无几。这些古景虽然已经消逝，但可从大量文献和记载中找到痕迹，这些有记录的古景同样是长乐当地人们记忆中重要的情感

要素。此外，一些重要的祠堂建筑及其周边的环境也同样形成了当地人们的感情寄托，是人们心中的难以抹去的一景。

四、城市设计层面情感要素的空间落实与控制

1. 情感承载要素与城市设计控制体系的融合

"山、水、屋、景"四要素构成了长乐地区人们"家乡情结"的空间载体。为了在长乐新区建设过程中控制各要素的形成，并使之能够落实在城市规划的实施体系当中，规划将以上四要素的纳入至城市设计框架当中，通过对情感承载要素中要点的设计与控制，分别形成"观山廊道、山水格局、引水模式、更新传承、保留控制、建园筑景"六个方面设计策略，将所构建的人文情感框架，与城市设计所关注的物质空间设计体系相衔接，将其融入至相应的空间落实体系。

2. 城市设计策略

（1）观山廊道

项目场地周边的山体主要分布在东西两侧。并由大象山、尖峰山和董奉山三个主要山脉的延展面形成三个方向的视觉界面，天然的城市背景。山体的支脉和余脉延伸到城市范围内并指向上洞江，形成山水相融的关系。同时起到很好的生态联系作用。

规划着重控制山水间景观视廊，在进行景观规划设计时，其地形、建筑、植物配置等与外围山水环境相依托，留出主要的视线通廊，与远山近水等形成借景、框景、对景等景观效果，形成人在自然山水之间的诗意游赏意境。在重要节点处控制城市高度和视廊宽度，将山体引入城市，形成山城交融的优势空间结构，提升整体城市品质。

（2）山水格局

规划保留大的山水格局，形成长乐地区山水城市结构特征。将重要的山体、水体梳理成网，形成整体山水空间脉络。此外，规划着重保留更具特色的小范围村落风水构架，以保证山、水、人家的风貌格局的完整性。

规划范围内马头村和山水的关系符合经典的理想风水格局的精髓，体现了长乐地区传统村落和民居的选址特点，山体与上洞江构成背山面水的风水宝地，成独具特色的小型山体景观。山下存有百年的村庄，此处的山形水系共同构建了基地内山、水、城的经典风水格局模型。

（3）引水模式

"择水而居，得水生城"，长乐地区水城相依特

江口乐游
1. 长乐之窗星级酒店（地标）
2. 工业遗产改造
3. 历史风貌保留区
4. 滨江高档住宅
5. 商业办公综合体
6. SOHO

都市乐动
7. "三房排"民居主题公园
8. 片区服务中心
9. 长乐德国莱法州文化商业中心
10. 环水创智中心（地标）
11. 水岸休闲生活
12. "双子塔"政务商务综合体
13. 规划展览馆
14. 创客公寓
15. 体育中心
16. 左岸商业休闲中心
17. 长乐新华文化城

三汊乐享
18. "邹鲁之帆"超五星级酒店
19. "世纪之舟"大剧院
20. 宏捷商贸城
21. 滨水高档住区
22. 上洋小区
23. 皇家·首占1号小区
24. 医院
25. 高档公寓
26. 水岸商街

三峰乐古
27. 翡翠湾小区
28. 闽中民俗风情体验园
29. 闽中特色江景住宅
30. 领袖会所
31. 茶艺体验园

首占乐居
31. 闽中民居主题酒店（地标）
32. 站前服务区
33. 长乐火车站

14

点非常明显，可以说水是城长乐地区城市空间组织的重要元素。规划利用基地利用与现状水脉特点分别形成迎水、环水、引水、围水四种城水空间组织模式。

迎水空间：规划结合洞江湖水形弯曲所形成的突出于水面的用地，设置公共建筑沿水边布置，利用核心建筑的突出位置，与局部放大的水体形成滨水节点，小中见大，形成水面开阔，空间舒朗的城市形态。

环水空间：核心区商务区沿外围道路将洞江湖水脉引入地块，与东侧支流相连形成环形水系，利用水体形成的开敞空间围合核心商务区，提升组团内聚性，并增加了外围地块的临水界面，提高核心区地块的经济和景观价值，将该区域打造成为集高品质政务、商务办公于一体的环水智城。

引水空间：结合地形与用地功能将水体引入地块，加大滨水界面的面积，增强亲水活动界面；注意控制引水空间内部建筑与水道的高宽比，建筑不宜过高，可局部采用退台方式，增加滨水建筑界面的灵活性。临水建筑底部可以采用福建当地建筑灰空间元素，结合滨水步行路，形成全天候尺度适宜的滨水步行空间。

围水空间：保留基地内的现有冲沟和水道，加

以改造利用，使核心商务区内部形成一定规模的景观水体，所有建筑主要界面临水设置，形成临水而居的传统城市空间组织模式，延续长乐地区人的居住文化习惯。同时注意高层居住建筑观水，低层建筑亲水原则。

（4）更新传承

在保留村落风水的构架的同时，对村落进行整体风貌整治，注入新的功能，在城市更新过程中，延续片区活力。利用基地内田园风貌，开发乡村民俗体验活动，形成长乐地区民俗文化的传承的节点。

（5）保留控制

长乐地区民间建造宗祠非常普遍，本族人重要仪式一定会在本家祠堂举行。且建筑大多讲究风水，通常是在祖先最先居住的地方，将旧房改建成祠堂；一些家族建宅时，往往先建祠堂。对宗祠的建设和维护十分看重。

在城市更新过程中融入社会感情架构，维系情感元素，保留规划区内宗祠及庙宇，结合周边环境，进行环境整治，拓展开敞空间，形成各类乡情文化园。通过用地的控制，保留祠堂及其周边的环境，同样保证其原有的使用功能。

（6）建园筑景

根据场地特色及当地历史、文化传统，在公园内设置五个主要的文化公园，打造5大文化主题景观公园：状元主题文化园、龙舟主题公园、时代港湾主题公园、乡情主题公园、民俗文化主题公园。在各主题公园内融入已经消失的长乐地区传统文化要素，形成古长乐文化、生活和记忆的载体，形成体现长乐的文化印记，具有家乡印象的城市新八景。

3. 情感要素的空间落实

（1）功能转变

在现阶段的城市更新和扩张过程，许多原有的建筑形态和风貌已经不适应现代城市生活的需求，从而在市场经济的作用下，原有的建筑形态会被新的新的建筑形式所取代。本次规划为使保留的规划区内优秀的村庄和山水格局，提出转变局部村庄的居住功能，转化为公共属性的文化娱乐用地，构建闽风文化体验园，与城市的开发建设相融合，适应新的城市功能需求。

（2）空间落实

根据相应的城市设计要求，重新调整原有控制

14.城市设计效果图
15.引水模式分析图
16.洞江八景规划意向图

性详细规划的用地布局：第一，进一步提高洞江湖作为长乐临江新城的景观资源和公共属性，避免沿江景观大量私有化，调整部分用地属性为公共职能；第二，落实水系网络、城市公园、绿道体系，将融入人文情感要素的城市设计要求，在用地层面予以控制；第三，依据视廊要求，重新界定部分地块建筑高度和开发强度，保证整体景观格局的形成。

（3）图则引导

进一步引导城市设计空间指导要求，通过对临江地块建筑以及开敞空间的细化要求，引导城市建设。对于用地层面难以落实的视线廊道，通过图则控制引导，控制廊道宽度；控制沿江建筑面宽和间距，保证滨江城市形态的通透性；控制沿江地块内建筑高低位置，形成整体有序、高低可控的滨江城市界面。并通过城市设计通则引导城市家具等设施的风格色彩，形成整体协调一致的城市风貌，落实情感承载要素。

五、结语

本文意图通过对长乐洞江湖城市设计项目，表达规划尊重地区人文社会架构的观点，关注维系地区生存和发展的社会关系，以及其所体现在城市物质空间层面的反应。重视人文现象背后的社会构成体系，在城市规划层面最大限度的保留地区的情感要素载体。而这些元素不是孤立存在，彼此之间是有相互联系的，应将其作为一个体系来看待。在设计过程中，构建人文情感框架，通过廊道控制、引水模式、格局构建等的技术手段和控制要素得以落实，可以在一定程度上，加强城市设计的人文关怀，形成以人为本的核心价值观，并且也是城市规划设计工作中应该给予充分考虑的一项重要内容。文章还有许多不到之处，笔者仅希望借此实际规划设计项目过程中，通过我们对深根于城市规划物质空间需求背后文化根源的思考，与大家共同探讨新城水视角下人文情感要素的重要性。其同样需要在城市设计层面，通过相应的技术手段给予满足和提供，使城市规划工作真正做到有"情"规划。

参考文献

[1] （美）埃德蒙•N•培根. 城市设计[M]. 黄富厢，朱琪，译. 北京：中国建筑工业出版社，2003.

[2] （丹麦）扬•盖尔. 交往与空间[M]. 何人可，译. 北京：中国建筑工业出版社，2002.

[3] 吕斌. 城市设计面面观[J]. 城市规划，2011（2）：39－44.

[4] 张庭伟. 城市滨水区设计与开发[M]. 上海同济大学出版社，2002.

作者简介

王 勇，硕士，国家注册规划师，北京清华同衡规划设计研究院有限公司，详细规划中心一所，项目经理；

李仁伟，硕士，国家注册规划师，北京清华同衡规划设计研究院有限公司，详细规划中心，一所所长；

刘 静，硕士，国家注册规划师，北京清华同衡规划设计研究院有限公司，风景园林与景观规划中心二所，所长。

山水环境中的现代景观设计
——以青岛市中央商务区景观规划为例

Modern Landscape Design in the Natural Environment
—Take the Landscape Planning of Central Business District in Qingdao as an Example

项智宇
Xiang Zhiyu

[摘　要]　在青岛市中央商务区景观设计中，设计师以音乐五线谱为设计概念，通过将城市设计融入景观设计，并将人工水体和山水环境相结合，以现代设计手法演绎中国传统设计精髓，将中央商务区提升为宜人核心商务区。

[关键词]　中央商务区；景观设计；五线谱

[Abstract]　In the design of landscape in CBD of Qingdao, the designer takes the staff as the concept of the design. Through the integration of urban design into the landscape design, and the combination of artificial water and natural environment, the designer interprets Chinese traditional design by modern design techniques. As a result, the central business district, CBD, is promoted into amenity business core(ABC).

[Keywords]　CBD; Landscape Design; Staff

[文章编号]　2016-70-P-102

1.构思分析
2.空间分析
3.中心广场

山水环境是造福城市、提升城市形象的积极因素。如何利用城市内部的山水资源，特别是水系来营造现代的城市景观，成为景观设计中的一个重要命题。现代景观中对水系的利用一般表现为以下三个方面：

（1）保留并适当扩大水面，形成区域性湿地，作为城市的景观背景。

（2）将水系引入城市内部，并与外围水体连为一体，形成活化水环境。

（3）人工挖填湖塘，改善区域小环境。

在《青岛市中央商务区景观规划》中，一方面将城市设计融入景观设计，提升城市环境，另一方面通过将人工水体和自然水系相结合，形成富有特色的城市商务区景观。

一、规划背景

青岛位于黄海之滨，胶州湾畔，在新世纪的城市竞跑中，这座城市正在实现新的跨越。为契合城市发展战略的调整，合理利用资源，提高城市环境品质和生活质量，拟在青岛市市北区建设集人文、景观、生态为一体的中央商务区特色景观。

二、现状分析

本项目西起山东路，东至福州北路，南起延吉路，北至辽源路，用地面积245.7hm²。地处青岛市主城区的中心，区位优势明显。规划区内自然和人文景观缺乏，街道界面的连续性较差，可识别性不强，需要在景观上加以改善。

三、上位规划研究

"青岛中央商务区控制性详细规划调整"在功能定位上南京路以西为商务中心片区；南京路以东为综合居住片区。绿化景观上形成"三园、三带、多线、多点"层次化、多样化的生态绿化景观系统。本次景观规划设计在大的框架下，对重点地段和节点进行分析研究和详细设计。

四、设计目标

景观设计把CBD提升到更高层次的ABC（AMENITY BUSINESS CORE，宜人核心商务区），在城市设计和景观设计的层面上进行了深度的诠释和探

索。紧扣时代主题，通过方案演绎，营造一个蓝绿交融，风景优美的城市中心区，一个办公与居住皆宜，将建筑景观和自然风景相互融合的中央商务区，一个时尚，动感，现代而又延续了历史文脉的城市核心。

五、设计主题

设计主题为炫舞青岛，五彩乐章。CBD是一个城市的商业、金融中心，如果说青岛现代化的城市建设是一首波澜壮阔的交响曲，那中央商务区的开发建设无疑就是这首交响曲中壮丽辉煌的高潮部分。中央商务区景观规划设计正如这首交响曲中最为章。

六、设计理念

大地上有五色土，海滩边有五彩贝，乐章里有五线谱，城市中有五彩路。

本设计从以下三个层面对整个方案框架进行解析。

1.抽象概念

由音乐的五线谱和城市规划用地色块相结合产

生合理的设想，由规划的基地形状构成和地形要素分析，从而疏理整个布局，可以看到流畅优美的景观线条沿着规划地块自然的延伸，有机的串联着每一个景观节点，宛如抽象的五线谱嵌在商务区整体规划布局中。

2. 外延分析

根据商业步行街、敦化路东西段、绍兴路和海泊河每段景观带所在区域不同而赋予其相应的景观主题，一起构成5段各具特色的城市景观带，正如一首悦耳动听的五彩乐章。

3. 具体构思

红色：热闹繁华的商业步行街，景观设计结合时代特色，通过铺装、雕塑、室外构筑物等形式展现中央商务区现代化的国际形象。

橙色：敦化路西段，结合该区域内商务、金融的功能特点，设计成开放式的商务行政公园，既能满足多种商务活动的需求，其优美的环境也成为生态系统的一个重要部分。

黄色：敦化路东段，位于大型综合居住片区内，利用景观设计丰富社区的人文功能，打造成以运动、休闲为特色的景观大道。

绿色：南北向的绍兴路两侧设计成以植物绿化为主的城市景观带，以自然界"春夏秋冬"为主题展示四季美景。

蓝色：基地内海泊河两岸的带状绿地，景观设计以青岛滨海的地域特色为基础，突出地域文化的主题。

七、空间结构

此次规划的绿化景观系统可以概括为"一心、三点、五带"。

一心：中心音乐广场是整个中央商务区的景观核心和高潮，与四周的超高层建筑群构成了中央商务区最具代表性的核心景观。

三点：分别为景观步行桥、北侧的市民公园、纵横两条步行街相交的下沉式休闲广场。

五带：开放式商务行政公园的敦化路西段景观带；以运动、休闲为特色的敦化路东段景观带；展现商务区现代化国际形象的商业步行街；展示四季美景的绍兴路景观带以及突出青岛滨海地域主题的海泊河景观带。

八、详细设计

1. 中心音乐广场

（1）"四水归明堂，财水不外流"

"山主富贵、水主财"，传统规划观念中所有的吉祥之地都离不开水，认为水能载气纳气。中央商务区作为城市财富的象征，其财气便通过水来收集与聚集。水从步行街及敦化路4个方向的入口开始，在形式上和意念上一直延伸到中心广场的跌水喷泉，寓意着"四水归明堂，财水不外流"，象征着中央商务区的企业在事业和财富方面蒸蒸日上。

（2）用现代的设计手法演绎中国传统设计精髓

"龙"是中国传统的吉祥之物，象征着高贵和祥瑞。设计首先将龙

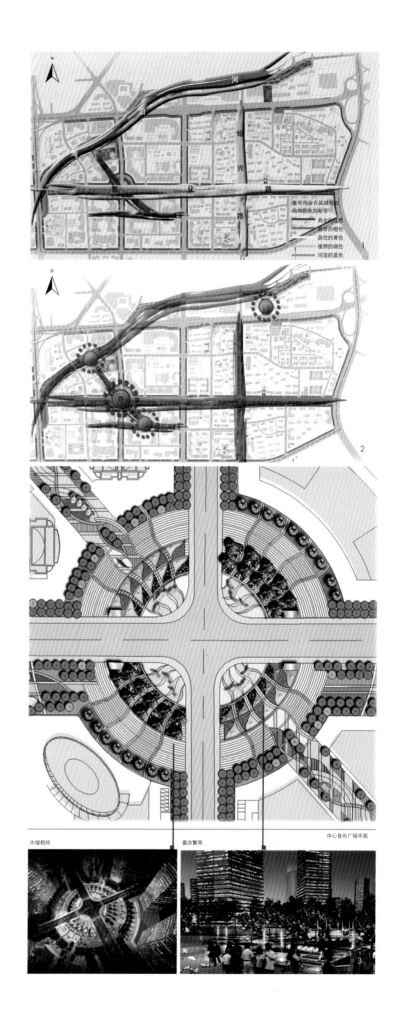

水绿相间　　　喜庆繁荣　　　中心音乐广场平面

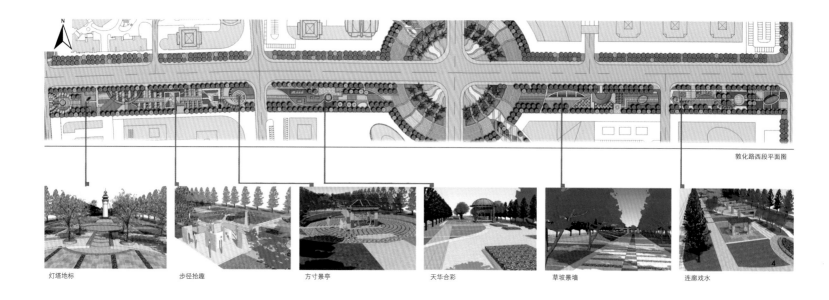

敦化路西段平面图

灯塔地标　　　　步径拾趣　　　　方寸景亭　　　　天华合彩　　　　草坡景墙　　　　连廊戏水

鳞图案进行了抽象和简化，具象表现为植物、铺地、跌水等景观元素的有机构成，融入于整体的中心广场景观设计中，意为构筑一条腾飞的祥龙。其次将中心广场巧妙的分为"虚"、"实"2个景观面，分别以硬质铺装（阳）和软质水景（阴）来寓意阴阳交互的"太极"，呈相互环抱之势。这样整体构图上形成"祥龙抱太极"的吉祥图案。

（3）设计结合地形的高差关系，巧妙的处理成大型环状阶梯式跌水景观，将跌水、喷泉、树阵、花池相穿插，相互借景又互融共生。人们可以从不同角度来欣赏中心水景带来的奇妙变化。夜幕降临，霓虹闪耀，灯光倒映在水幕上，显得流光溢彩。行走在水池间浅浅的水道上，脚下流水变化丰富，生动有趣，跌水池中设有多个喷嘴，沽沽的水流从中喷洒出来，多姿多彩，并有一系列动听的音乐旋律与之相伴，给人一种全景式的视觉和听觉上的双重体验。

2. 敦化路

根据敦化路东西两段不同的区位特点，采取一种风格，两种方式来处理。

（1）敦化路西段

本次设计将敦化路西段（山东路至南京路）整体定位成开放式商务行政公园，采用简洁现代的构图方式，局部适当引入精巧的水景，突破传统道路绿地功能单一的模式，既是舒适的林荫大道，又为在此办公的人们提供了商务休闲的场所，满足了现代城市绿地的多功能需求。能够使人们在高强度、高节奏的工作之余得以充分的社会交往和身心调整，这也是设计中"以人为本"的最终目的所在。

（2）敦化路东段

敦化路东段（南京路至福州北路）的景观绿地位于大型综合居住片区内，根据招标文件中利用环境景观改变单一住宅功能的具体要求，设计除了要达到其生态绿地的基本要求外，还结合景观布局，设计了露天的小型场地，使不同年龄段的人们在每天空暇之余，都能在此交流聚会、健体休闲。同时，沿着景观绿地中的步行主轴，结合"人文奥运、扬帆青岛"的体育主题，有机的穿插一些带有奥运色彩的体育雕塑，附有相关的文字简介，使人们在欣赏之余还能增长一些与奥运和体育有关的小常识。

3. 绍兴路

绍兴路两侧的景观绿带宽度均为10m，设计以植物种植为主，以自然界"春夏秋冬"轮回为主题标志，分别呈现出：以柳树为主的柳暖花春、以香樟为主的盛夏光阴、以无患子为主的林茵秋色和以雪松为主的岁寒松柏等四季美景。

4. 商业步行街

本次设计为创造一个绿色的生态空间，又要使步行街具有整体性，以中心带状绿地贯穿整个步行街，使空间巧妙的连成一个连贯统一的景观长廊，为在此停留的市民及游人提供了一系列的空间经历，提供了一个集购物、休闲、娱乐为一体的趣味盎然的多元化场所。中心带状绿地是基于直线与曲线纵横相交的一种自由风格，在提供人们绿色休闲空间的同时，来软化周围生硬的开放性空间，同时也起到了引导消费者进入两边商铺的作用。

斜向的步行街提供室外咖啡吧、茶吧、小卖亭等商业服务设施。东西向的步行街强调营造商业休闲热闹、欢快的气氛，以"流动的旋律"为主题布置规则有致的水景，东西贯穿。人们在充满灵动的空间里，自由地休闲购物，欣赏着光与水的相互辉映。

两条步行街在椭圆形广场有机的相连。广场由围绕圆心、逐台下沉的木质平台和中心水景组合而成，与周边的树木、小品相协调，呈现轻松自然的风格，围合成独特的商业休闲空间。

5. 海泊河

本次海泊河的景观设计中，遵循了地域文化与国际潮流、历史文化与现代文明完美结合的理念。

（1）沿海泊河自西向东构建三个不同区域主题

①西段（山东路－连云港路）：印象－都市霓彩

以CBD超高层建筑群为背景，打造一个活跃、动人、现代的都市城市滨水景观带。这里主要注重河滨的大众休闲与娱乐，使该段滨水区域成为城市的动脉，以白天与夜间各种丰富的滨河活动共同烘托着城市的繁华氛围。

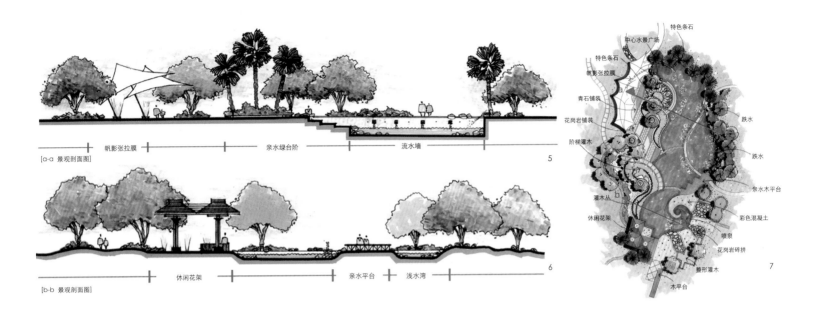

[a-a 景观剖面图] 帆影张拉膜　亲水绿台阶　流水墙　5

[b-b 景观剖面图] 休闲花架　亲水平台　浅水湾　6

特色条石
中心水景广场
特色条石
帆影张拉膜
青石铺装
花岗岩铺装
阶梯灌木
休闲花架
灌木丛
　跌水
　跌水
亲水木平台
彩色混凝土
喷泉
花岗岩碎拼
整形灌木
木平台　7

4.敦化路商务A西段总图
5-7.公园节点

区域内最精彩的亮点莫过于景观步行桥，桥形似船帆造型，采用钢索构架，寓意着开放的青岛在敞开胸襟拥抱世界的同时，正扯起风帆，扬帆出海。桥的两端设计了跌水树池和木平台以圆形的桥相结合形成日月光华，漩门皓月之景。河道两岸设置了一处处小型的滨水露台，仿佛一个个露天的城市客厅，人们可以在上面休闲、漫步。景区内点缀了纤夫及儿童在河滩嬉戏的雕塑，铺地以水纹等符号来表示。夜间华灯初上，沿着岸边设置的特色景观灯，其灯光效果勾勒出生动的河岸轮廓，同时运用"动感灯光"镭射到远处的超高层建筑群，共同烘托出都市霓彩的夜间景象。

②中段（连云港路—绍兴路）：印象—活力水岸

滨河路外侧采用植物、花卉造景等方式强化滨河景观。

绿地内以品种统一的大、中乔木为骨干贯穿全区，形成统一的绿色基调。平面布局上，强调疏密有致，绿地内"线"与"块"合理组合，使人们既能穿越绿地又能在该绿地内停留而不相互干扰，使绿化为人们提供不同尺度的聚集空间，创造一个休憩、聚会、亲近大自然的场所。

③东段（绍兴路—福州北路）：印象—历史留痕

此段景观设计旨在体现青岛作为滨海城市的特色文脉。景区内主要设置如表现青岛近代时期西方建筑图案的系列浮雕景墙；反映青岛民族资本发展史的图文说明；通过景观图板，图文并茂的解说改革

开放以来青岛取得的重大成果；大量描述青岛的诗词歌赋刻在景观石上，散落于整个景区中。传统的历史文化和现代的CBD在这里相融，使其成为既具有时代特征又蕴含丰富地域文化的滨水公园。

（2）打造规划区域内沿海泊河的青岛中央商务区印象之旅

在这里可以倾听城市的心跳，触摸河流的脉搏，这是一个昼夜无眠的景区，集工作、休闲、娱乐于一体，并有丰富的文化观光活动。滨水台阶、广场等设施为人们创造出各种亲水活动的场所，市民与游客云集于此，庆佳节，赏焰火，看夜景，乐而忘返。人们在此充分体会到青岛中央商务区其现代之都、动感之都、魅力之都的城市印象。

6. 帆影绿韵公园

此公园设计为中心水景周边围绿的构图，水景观岸成自由多变的弧型，增加了延岸观赏的行走路线和水景的层次感。人字形的水中汀步，成为两岸水景的联系纽带，无论观赏还是行走于其中都增加了公园视景率。特色扬帆张拉膜、螺旋型的跌水，各色的亲水观望平台，木与玻璃的休息亭榭，都深入的考虑了人群的需要与生态环境的结合。

九、结语

通过本次规划设计和后续建设，未来的中央商

务区将成为城市生态景观走廊、艺术文化展示带、市民生活风景线和重要的都市经济发展区。伴随着各色景观空间的相互融合，商务区将形成更加有机的交通、景观和功能联系。以"蓝绿相融"为基调，以"五彩乐章"为主题的城市特色景观风貌将得到更加充分的展示。未来，以道路和河流为基本构架的公共空间网络还将进一步生长与拓展。中央商务区，将得到一个更加明晰、有机、高效和有魅力的城市结构，走向良性生长、持续发展的明天……

作者简介

项智宇，上海高辰建筑设计有限公司副总经理，高级工程师。

苏州龙湖时代天街住宅体验区景观设计
Landscape Design for Experience Area of Long for Times Paradise Walk, Suzhou

1.入口模型效果图
2.项目平面图
3.入口模型效果图
4.入口模型效果图

俞昌斌
Yu Changbin

[摘　要]　在现代住宅景观设计中我们要用现代语言来阐述风水环境营造方法，从而帮助景观设计师创作出更加宜居的景观环境。本文结合实际案例展开描述设计过程及设计考虑并结合新技术对环境模拟、分析。

[关键词]　现代住宅景观

[Abstract]　In the modern residential landscape design, we need to design and create more livable landscape environments with the modern languages to elaborate the environment construction method. This paper analyzes the actual case to research the design process, the new technology collaborated with the theory of Fengshui.

[Keywords]　Modern Residential Landscape

[文章编号]　2016-70-P-106

　　风水环境营造对现代住宅景观具有启示意义。传统上的朴素真理及科学理论，与现代景观设计相碰撞、相交流，以更好辅助住宅景观的设计。

　　本文以苏州龙湖时代天街示范区为例，展开描述设计过程。那么，怎样才能做好现代住宅景观呢，简单说其实就是以人为本，将人放在一个好的氛围环境中，并且给人一种好的听、观感受。好的景观环境会对我们产生物理、生理及心理上的效应，使我们身心健康，处在一个积极的状态中。通过景观设计学的

配合来营造景观空间，确定地势水向，树木草花和建筑构筑物的位置等，达到山水得位得体，相交相融，并合乎生态自然的气息规律，最终使得人与自然和谐的状态。

　　说到建筑空间布局，设计第一稿的时候售楼处建筑是在西面，样板房在东面，那么南侧的主入口一进去的时候是对着样板房的，后来经过讨论，觉得主入口进去应该要对这个售楼处，售楼处比较开敞给人感觉第一眼的效果就很好。所以景观设计师把

建筑的位置都调整了，把售楼处移到了东侧，把样板房移到了西侧。另外一般的开发商可能会把样板房和售楼处的标高都设计得一样高，处一个平面上。导致建成后从售楼处看样板房就有一种平视甚至俯视的感觉，让人认为该样板房是一个厕所，这种体验很不好。所以我们在景观设计中就把样板房抬高1.2m，这样人从这个售楼处到样板房是走上台阶然后往下看，就有了一种空中花园的效果。这可以看出开发商对景观感受的重视。还有一点，就是建筑物跟

外围道路的关系是否平行，还是倾斜成一定的角度，这决定了入口是轴线对称还是自由发散的效果。本项目的平面图，它的建筑跟道路，是斜交的关系。所以就是为什么在龙湖时代天街这个方案中，入口是一条折线的路走进去，然后正对售楼处是一条37.5m的水景轴线大道。总之，景观设计师通过分析人的行走路线和视线关注点来重新布局建筑的位置，设计建筑的标高。这也是古代风水理论指导住宅选址、堪舆的主要作用。

在景观中是以明暗、收放、动静、软硬、快慢等各方面体现出一种阴阳平衡的和谐之美。简单举个例子，本项目中一条折线形的小路，通过使一两种简洁的石材铺装，两侧布置五重的绿化系统，便产生一种夹道的感觉，景观空间便会收缩起来，然后到大草坪处豁然开朗。在多个地方设计不同形式的对比就会产生空间的收与放。在景观设计中，处处都要考虑多种对比变化，才能让环境更加和谐生动。在这个案例中运用了景观造景的七个要素：色彩、质感、声音、气味、形态、搭配、动势。

1. 色彩

在色彩上把握自然的原色调（如深绿色、棕绿色、浅绿色、早春的阳绿色、草坪的嫩绿色等不同的绿色），加上一些清淡的色彩（如粉紫、粉红等），局部再点缀一些争奇斗艳的色彩（如浓烈的红色、浓烈的紫色等）。整体基调是淡雅、清新的主色调，局部加的是比较重的颜色，如樱花是粉红色的，三角梅是深红色的，花毛茛是嫩黄色的，石竹是星星点点的，总之这里的色彩是很柔和的，让人在这个色彩的细微变化中得到熏陶和感染。为了展现龙湖园林景观的独特性，我们在关键的区域浓墨重彩，不仅有厚重的力量感，也考虑到四季的色彩变化。如最初从红梅开始到玉兰、山杏及红叶李，再从紫荆开始到早樱和海棠，从榆叶梅到木槿、紫薇及晚樱，再从石榴到三角梅及腊梅等丰富的色彩变化。色彩还体现在景观中加入软装：类似巴厘岛四季酒店灰空间的软装对比图，软装的挂画、茶几、果盘能给景观带入无限的生活场景感。

2. 质感

在营造这个展示区园林的过程中追求平滑与柔美的协调，飘逸与质朴的对比。整体的质感，如大块石材铺装追求简洁的质感，平滑的草坪追求柔软和舒缓的质感，然后飘逸而有力的榉树加上质朴的硬景给人感觉很均衡，很舒服。在本展示区园林中并没有太多繁琐的拼花图案，而是都很质朴、简洁，总之整体

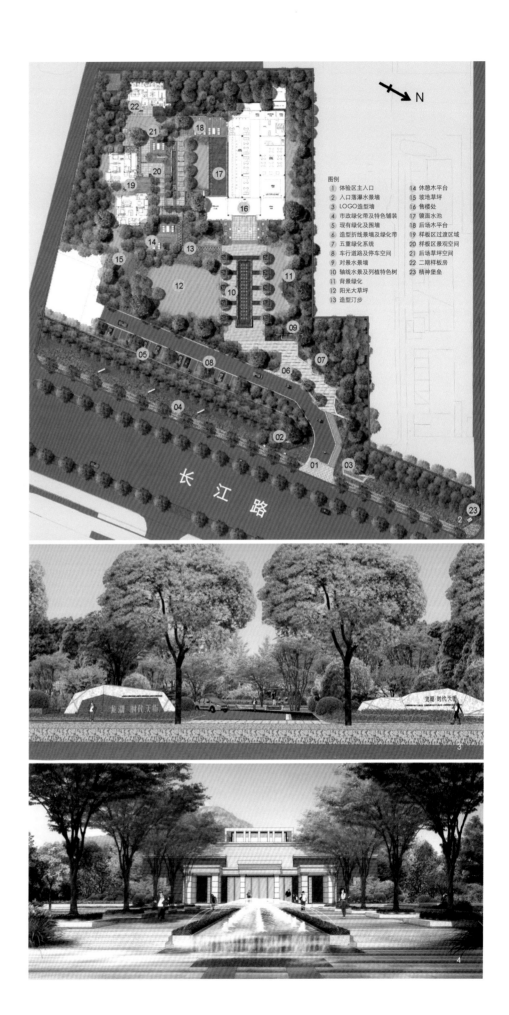

图例
① 体验区主入口　② 入口落瀑水景墙　③ LOGO造型墙　④ 市政绿化带及特色铺装　⑤ 现有绿化及围墙　⑥ 造型折线景墙及绿化带　⑦ 五重绿化系统　⑧ 车行道路及停车空间　⑨ 对景水景空间　⑩ 轴线水景及列植特色树　⑪ 背景绿化　⑫ 阳光大草坪　⑬ 造型汀步　⑭ 休憩木平台　⑮ 坡地草坪　⑯ 售楼处　⑰ 镜面水池　⑱ 后场木平台　⑲ 样板区过渡区域　⑳ 样板区景观空间　㉑ 后场草坪空间　㉒ 二期样板房　㉓ 精神堡垒

长江路

调性就是很大气、精致及唯美。

3. 声音

这是这里的园林景观中最美妙的地方了。当游人静下心来在这个园林里漫步，就会听到风一吹白桦树的枝叶在抖动，形成哗哗啦的声音，仿佛走入了波澜壮阔的北方林海雪原。而几个不同的水景则有着不同的水流声：中轴大气的溢水池有着鼓泡泉和跳泉，如同一曲壮美的大型协奏曲；入口曲径走过来对景的景墙流水仿佛是高雅庄重的小提琴独奏；而售楼处正对样板房区域的镜面水池则好似优雅的爵士乐，与龙湖时代天街的格调相映成趣。当你兴致盎然地坐下来感受和体验的时候，耳边不时会响起清脆的鸟叫声，那是因为这里鲜花和满树的果实它们都吸引了过来。

4. 香味

这个园林好似鲁迅笔下的百草园，散发着各种各样自然的味道，如草坪的清香，迷迭香、薰衣草、蔷薇花等等不同草花的味道。设计中把这种香味提升到品味和格调的层面来看，龙湖展示区园林带给苏州的味道不是那种乡土的、传统的味道，而是如同英国自然风景园或英式花园的那种自然而时尚的味道，高雅中带着几分清新，自然中带着几分隽永。

5. 形态

在龙湖的这个展示区园林里，软景是当仁不让的主角，而硬景则是精心点缀的配角。软景如起伏的地形，柔软曲线的花海，飘逸的白桦及榉树树形，让游人满眼都是绿意盎然和花团锦簇。而硬景则是有节制的，低调的，用在点睛之处的。如入口那几个斜坡的景墙，草花正好退进去几公分，并用树皮包好，这样就把景墙及花池的轮廓感勾勒并简洁地表现了出来。又如园林中的几处水景，色调极为简洁，暖黄色配合深黑色，形态也绝不张牙舞爪，采用几何形态，这种低调的硬景则更好地衬托了丰富的软景，凸显了

这个园林景观的格调和品味。

6. 搭配

植物与景墙、小品等硬景的搭配，植物叶形、色彩、规格的搭配等都是龙湖园林景观最核心的产品优势。软景的草坡地形是非常优美的弧线形态，然后把薰衣草花海的边界线条勾勒出来，就像泉水在山坡上流淌一样。而每个小品、水景这些硬景都有植物跟它们相衬托的，没有一个是孤立的。这些小品跟植物之间的叶形、色彩、规格，一层一层连接起来，搭配得天衣无缝，如海棠、天堂鸟、红花檵木球结合再比它们矮一点的草花，每个地方都是这样硬景和软景很有层次感地搭配在一起。

7. 动势

从前场到中轴再到样板房，竖向高差也是追求适当地高低起伏，这样视线也会上下错落变化，园林观赏体验也就多变而丰富。如一进入展示区园林就要

上三四级台阶，然后看到中轴，进入售楼处，再上几级台阶到样板房，游人参观这个园林的动线流畅，动势鲜明。然后进入样板房，登堂入室，层层递进，渐入佳境，最终看到心目中的理想的房子，这一系列的展示步步贴近业主的心理，并提供高于他们心理预期的园林和建筑效果，让业主心里有一个肯定的答案。

综上我们可以看到，不论在色彩上的对比，还是在质感上的选择搭配，而或是整个动势上的设计都蕴含着阴阳论对立统一的观点，丰富了景观中的各个细节，使之更加具备"好风水"的条件。

当然景观环境设计还要靠现代环境计算机模拟来辅助设计。比如，小区内设置的活动场地；夏天日照强度如何，是否有阴凉的地方；冬天有没有日照；风速大概是多少。如果我们知道这些环境因素，便可以扬长避短将活动空间放在一个舒适合理的位置。如今，景观设计中主动使用这样的软件来分析，比如说Ecotect（日照模拟）和Phoenics（风环境模拟），通过输入建筑的位置及高度，并设置好地区、时间、风速等参数，便可以模拟出该场地在时间范围内的日照情况和风环境，再通过叠加找出符合条件的地方将场地设计在那里，通过这个工具，在设计时候可以更具科学性地找出"风水宝地"。

居住区景观已经成为人们居住和生活不可分割的一部分。在未来，对宜居住宅的塑造需要在实践中不断摸索符合现代人的审美及心理需求。

作者简介

俞昌斌，易亚源境（YAS DESIGN Ltd）首席设计师，美国景观师协会（ASLA）国际会员（No.776049），同济大学城市规划系景园建筑专业，景观设计师、学者。

项目负责人：俞昌斌

主要参编人员：俞昌斌 陈诚

13

14

15

5-6.入口建成实景图
7.镜面水景
8.大草坪
9.入口建成实景图
10.售楼部次入口
11.样板区
12.简约的铺装样式
13-14.道路夜间效果
15.入口夜间效果
16.水景夜间效果

16

效法自然、融合天地
——以繁峙县砂河镇北山公园景观概念规划设计为例

Imitate Nature, World Fusion
—Fanshi County Sand Town Beishan Park Landscape Concept Planning for Example

姜 岩
Jiang Yan

[摘 要]　风水环境营造对于中国城市规划的影响无疑是重要的，反映了中国城市规划理论中"自然观"的一面。无论是"天人合一"还是"藏风得水"都说明了中国城市在选址和建设过程中对所在自然环境的尊重，这种尊重是基于一种科学的态度，而不是出于"礼"的考虑。本文通过对砂河镇佛教文化的挖掘，创造性的利用北山基地丰富的地形地貌特征，利用大地艺术手法，引入"背山面水"、"藏风纳气"的空间布局方式，打造"北山坐佛"概念性景观核心，利用与佛教文化和当地民俗文化相关的项目策划整合北山空间，丰富人们在其中的活动，为北山公园的下一步详细设计提供可操作性、创新性的空间和内容指导。

[关键词]　山体公园；佛教文化；概念设计

[Abstract]　The theory of Fengshui has undoubtedly impacted Chinese urban planning very much which reflects the Chinese urban planning theory of "natural view". Whether "Natural and Man in One" or "Hide wind get water" explained the Chinese cities are respected in the process of site selection and constructon. Such respect is based on a scientific approach, rather than "rites ". This article is based on Shahe town Buddhist culture to use the rich terrain features of North moutain creatively, and artistic use of land to bring Fengshuitheory "Back to Moutain Front of Wind" and "Hide wind get Water" space layout to create "North Moutain Sitting Buddha" conceptual landscape core. Use Buddhist culture and local folk culture project planning to integrate the North moutain space and enrich people's activities which provide operability, innovative space to guide further detailed design for Beishan Park.

[Keywords]　Mountain Park; Buddhist Culture; Conceptual Design

[文章编号]　2016-70-P-110

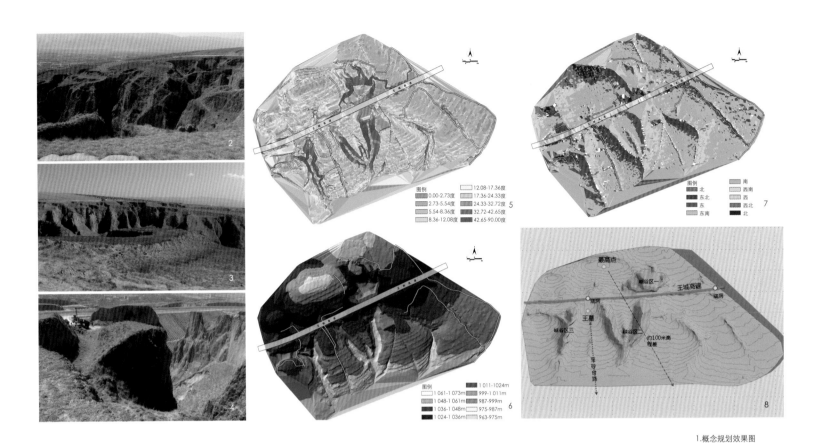

1.概念规划效果图
2-4.沟谷现状照片
5.坡度分析图
6.高程分析图
7.坡向分析图
8.现状地形模型分析图

一、效法自然—朴素的风水环境营造理念

风水环境营造是人与大自然的和谐，人既然是自然的一部分，自然也是人的一部分，达到"天人合一"的境界是再平常不过的。

风水环境营造主要表现出以下的四个特征：

1. 系统性

系统思想中国自古就有，其促使人们考虑问题多从事物本身的关联性、功能性、多样性和有序性出发。建于宋末元初的丽江古城，以"四方街"为中心，四条主街和两条侧街都是从四方街的四角和腰部辐射开，每条主街又分支出诸多小街小巷，形成逐层外扩的格局；同时街巷与古城的水系有机组合，从而形成了古城路网与水系相依相傍、水乳交融的城市特色，构成了古城完美的城市布局。历代都城选址都综合考虑系统要素，要求地处中心、交通便利、易守难攻、地域开阔等等，所有这一切构成了系统原则。城市的交通、景观、绿地等系统是城市的重要载体，建立结构完善的城市各项系统，形成一个稳固的体系，可以发挥城市最大的生态、景观、社会及经济效益。

2. 天人合一

人实际上被视为自然生态链的一环，与大自然相比，人是渺小的。人生存中的任何活动要吻合于自然，要与自然和谐相处。因此，人的建筑活动就要利于与自然环境的和谐相处。古代选址的目的就是为人类寻找合适的居住地，而这种合适的居住地主要关系到山和水两个方面，其中以水为生气之源。也就是所谓的"无水则风到而气散，有水则气止而风无，故风水二字为地学之最，而其中以得水之地为上等，以藏风之地为次等"。强调城市与周围环境的和谐，这是与现代城市规划的思想相贴合的。经历工业化和城市化的发展后，带来环境污染、人口拥挤、交通混乱、水污染严重等一系列问题。建筑师和规划师开始对工业化和城市化的后果作总结和反思，认为盲目的城市发展破坏了人和自然的和谐。

当前盛行的和谐理念，倡导人与自然和谐并进的风水即是以"天人合一"为理论基础，"天人合一"、天地人三才一统的理念不仅是人与自然的和谐，同时它的全局意识和整体观点也反映了当代的生态思想，体现出古人对良好人居环境的追求，这样的理想追求与当今国际上生态城市、低碳城市等倡导也不谋而合。

3. 因地制宜

即根据环境的客观性，人应主动地适应环境。所以中国古代的建筑形制在北方是窑洞，在南方是干阑式吊脚楼，在中原是土石房屋。名城长安、洛阳无不是依山就势。因地制宜，可以节省建筑开支、保护生态环境。古代建筑负阴抱阳（即，背部朝北，面向南方略微倾斜而坐）也是符合中国的宏观区位条件的，《周易·说卦》曰："圣人南面而听天下。"不论是住屋、村落、城镇，北半球都以北边有山为屏，可以遮挡寒风；南边有河或塘，可以聚气取水；南边又有宽阔的明堂，便于耕作及活动；人们站在宅前，放眼远方低就会显得心旷神怡；这样的环境与景观对人们的生活、生产及身心是多么地惬意与清爽，古代建筑出于对日照和通风的要求考虑得此律法，并沿至今。

4. 重"山"重"水"

古代建筑的选址手法及原则要求宅地要依山傍水，或背山面水，即基址后面有主峰来龙山，左右有

次峰或岗阜的左辅右弼山，或称为青龙、白虎山，山上要保持丰茂植被；前面有月牙形的池塘（宅、村的情况下）或弯曲的水流（村镇、城市）；水的对面还有一个对景山—案山；轴线方向最好是坐北朝南。基址正好处于这个山水环抱的中央，地势平坦而具有一定的坡度。这样就形成了一个背山面水基址的基本空间格局。古代建筑注重在河道的两旁选址，以水流环抱屋前为最佳。

同样的，在园林景观的创作中也应该充分融入这样思想进行设计，充分利用有利的自然条件和生态因素。适当的保留有景观特色的自然地形地貌，如山丘、水体，以及按国家有关法规保护的古树名木、成形大树群等，并结合当地的风土人情，在原来的地形地貌上加以适当的修改，便有利于创出具有地方特色的园林作品。现状及自然地形有机组合成统一体，使园林作品既有一个整体的联系，可以充分表现出当地的特色，而且在一定程度上减少了许多工作量。接下来以繁峙县砂河镇北山公园景观概念规划设计为例进行深入且直观的论述。

二、北山坐佛——自然与创意并存的实践

砂河镇隶属于山西省忻州市，位于五台山北麓，恒山脚下。京原铁路、108国道横贯东西，砂应、砂台公路连接南北，南靠五台山风景名胜，北邻恒山悬空寺、应县木塔旅游胜地，东接平型关红色旅游线，是晋东北重要的交通枢纽和旅游中转地。"南台北恒佛圣地，东京西并滹沱源"是对砂河地理位置精炼的概括。

作为山西首批的21个"百镇建设"项目之一，砂河镇在经济转型、跨越发展新型旅游城镇的同时，为北山公园的规划提供了重要契机。同时，公园是衡量城镇生活质量的重要方面。北山公园坐落于砂河镇北面，砂台路尽端，是城镇的绿化源头，其景观规划设计与建设将为城镇的绿化体系构建拉开一个充满活力的序章。

1. 现状条件

规划基地范围内主要是未开发的用地，尚未形成完整的道路体系。基地西、东、北三面环山，南部与砂河一村相连，多为质量较差的低矮房屋。在基地中间位置王城高速公路呈东西向穿越而过。同时基地范围内存在着一处为考证年代的古墓遗址。

基地范围内以山地地形为主，北高南低，整体坡度平缓，山中分布有多条沟壑，地势变化十分复杂。

2. 发展要素分析

（1）自然资源条件方面，北山公园具有"山、林、田、谷"四个方面的天然优势。

山——北山是砂河镇的制高点，与镇南的五台山峰遥遥相对，是砂河镇游目骋怀、感望佛恩之所；

林——北山公园造林计划将造育千亩森林氧吧，未来北山

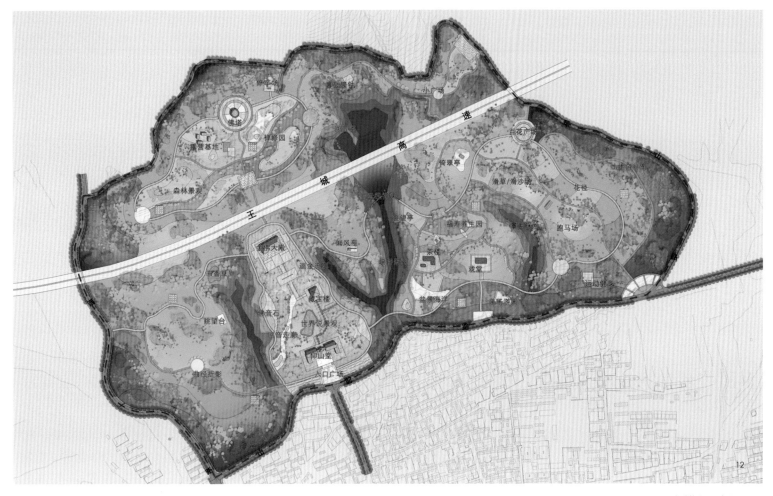

将是全镇的绿肺屏障，是全镇景观绿化的核心区域；

田——砂河镇有良好的农业资源基础，在北山开垦了不少农田，塑造了良好的农田景观；

谷——北山上地形多变，自然形成的沟谷丘壑塑造就了其独特的地貌景观。

（2）文化资源方面，形成了佛教文化、民俗文化和黄金（产业）文化交融的三元文化特征。

佛教文化——砂河镇自古以来就有五台山北大门之称，是五台山佛教文化的重要部分，砂河镇内佛教文化氛围浓厚，有国家一级保护单位岩山寺、三圣寺、永泉寺等众多寺庙，营造了五台外围的佛国境界；

民俗文化——砂河镇居民有着山西人的豪爽大气，民间的业余生活也非常丰富多彩，文艺队伍、书法摄影、秧歌舞、高跷、挠搁等是砂河镇常见的民间活动；

金色文化——砂河镇生产金矿，黄金产业是近年来砂河镇的重点发展方向，围绕着黄金产业衍生出黄金旅游、黄金创意创造等广泛的金色文化。

3. 规划要点与定位

（1）规划要点

文化——重点侧重解决怎样将传统的佛教文化与当地的民俗文化相互融合，并且要与与五台山的文化氛围建立一种差异化的发展，使之既有地域特色又要创造新的吸引点与表达方式错开与五台山的竞争，发挥自身魅力吸引游客的到来。

地势——北山的山地地形复杂，多条自然风裂的沟壑峡谷成为点缀北山的一道道的"伤疤"，但也正是这些"伤疤"赋予北山别样的特色风情，如何利用这些复杂多变的地势环境条件，使之成为设计方案的亮点是我们在接下来的工作中着重考虑的问题。

内容——丰富的活动内容是场所持续保有吸引力的重要因素，如何融入有效的项目载体，使北山实现丰富的实际使用价值也是我们规划应该侧重考虑的方面。

高速公路——基地内东西横越的王城高速是北山公园规划设计的一大难题，该高速将基地完全分割为南北两块，切断了基地内用地的完整性，阻碍了两块地的交通联系，如何在设计中处理高速公路横穿公园的"硬伤"是对规划师的一大挑战。

（2）项目定位

综合文化、生态与休闲三方面的考虑，结合砂河镇当地的多彩民俗文化、五台山悠远的佛教文化和北山公园的自然条件，本次设计将砂河北山公园定位为：体现城市特色和佛教文化元素传播，兼具休闲、游憩、养生健身、科普教育、文化展示等多种功能的城市休闲与文化公园。

①体验佛学真谛的文化田园

主要包含佛文化传播和民俗特色展示两方面的功能。通过参禅拜佛、佛经传颂、静身修行、佛乐体验、佛学教育等从感、悟、学、用四个方面深刻体验佛学文化；在民俗展示方面，通过庙会集市、戏曲表演、节庆活动等，不仅有活动的观赏，更有活动的参与，只有可参与体验的活动才能吸引人们的最大乐趣。

②体现包容和谐的生态园林

北山公园承担体现当地地域风光、生态体验、森林氧吧的作用，对原始地形地貌进行保护利用，充分体现地域特色和大地景观，将自然景观融入城市景观，体现人文与自然景观的和谐共处，实现对北山公园自然环境的文化再造。

③丰富居民生活的交往空间

将散步、慢跑、康体等生态健身和攀岩、山地自行车、滑草滑沙等极限运动置入该片区，同时提供给居民家庭活动和文化交流的场所，设置亲子游园、风筝草坡、婚纱摄影、曲艺茶楼、棋院书馆等功能区，扩大居民的交往空间。

4. 设计策略

（1）遵循自然，大地艺术手法的体现

自然是最有创意的艺术家。通过之前我们对砂河镇北山公园现状条件的研究，砂河镇的佛教传承影响是该地区一个重要的文化符号，通过我们对基地范围内地形的细致观察，发现基地南部由沟壑围绕的地块呈现出坐佛的轮廓形态。同时，在中国的理性风水理念中，北山作为砂河镇的"坐山"，为城市北面的靠山，可谓做城市建设之"基石"，自古有坐山好则城镇兴之说。而北山上的"坐佛"无疑可以作为砂河镇佛教文化体现上的一大标志。

（2）强调轴线，延续整体城市格局

砂河镇的城市中心轴线——砂台路北端正好对着北山公园基地内的最高点，南端对着五台山的最高峰，是整个砂河镇文化和功能的主要发展带。并且砂台路正好延伸到北山"坐佛"的中心位置与山体最高点相连，因此，将整个城市的轴线加以延续，分别在轴线上布置入口景观区、花园景观区和作为文化核心的佛殿区，以及山体最高点处的北山佛塔，使北山公园作为整个城市景观秩序的高潮，打造成砂河镇的景观核心节点。

（3）标志坐佛，强化特色文化标志

"坐佛"作为北山公园的核心概念意向，并且结合山地地形的"第五维"立面，使坐佛的形象能够使人们不仅在山顶俯视的时候能有所见，还要使人们在山脚下也能真切的感受到这一具有创造力的自然景观。因此设计中采用了三种方法，来强化这一特色文化标志。

首先是用道路界定"坐佛"轮廓，利用栽植色彩鲜艳的景观树种，使人们能更直观的观赏到自然所铸造的大佛；其次，在解决白天的可视情况后，设计师想到了夜间标志大佛的方法，即使用可反光的路面材料，在人行道上加以强调，远观大佛呈现出流光溢彩的效果，仿佛真的是佛光降临世上，恩泽万家；最后，在形式上实现了大佛形象的强化，在活动内容上沿着大佛轮廓打造了一段"转经"之路。仓央嘉措曾说："转山转水转佛塔，只为与你相见。"我们转山转水转佛身，求福求寿求安心。将人们美好的祈福之举与"坐佛"自然的联系起来，将大佛真正的做活做丰富，也将整个北山公园真正的活跃生机起来。

（4）梳理功能，提升地区内涵联系

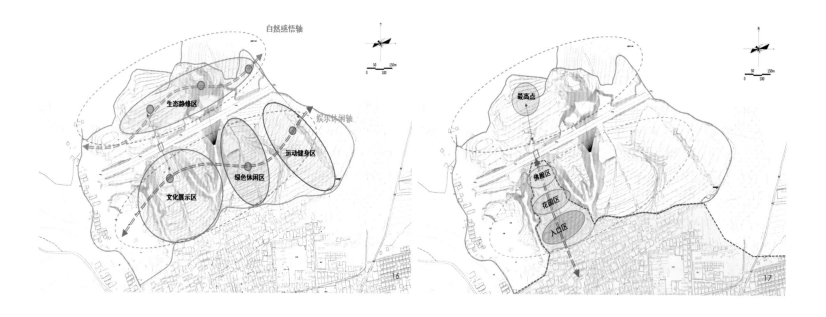

根据对基地周围环境的分析，设计师将被高速公路分割的南部，即靠近城市的一侧打造成动区，主要布置与市民日常活动相关的运动健身、休闲娱乐、文化传播、儿童活动、极限冒险等功能，方便北山公园作为城市绿地被当地居民所使用。而高速公路北侧因为距离城市稍远，且因高速公路的阻隔，相互交通联系不便，设计师将劣势化为优势，将这一区域打造静区，主要供人们远离喧嚣，静静的进行山林体验、生态游览、静修感悟、野餐露营等，为人们提供一处洗净繁华、沉淀内心的世界。这种禅思也正是佛教文化中所倡导的，与北山公园的主题正好契合。这也就是所说的从花花绿绿的大千世界，通过下穿高速的人行通道，直接穿越到世外桃源般的清静之地，放弃纷扰，别有洞天，放弃烦恼，自见如来，可以说将北山公园的内涵直接高度提升，使其颇带有一丝佛家禅意。

5.整体规划

通过对地块内各要素的分析利用，最终将基地打造成"一环两轴、四区多点"的规划结构。

（1）文化展示区

主要为"坐佛"佛身部分，这一区域是城市功能轴线延伸的部分，沿着轴线依次从下至上有序列的布置仰山堂、藏宝楼和金佛大殿，建筑形制越来越高，体量越来越大，以金佛大殿作为序列的高潮。在三个主题建筑周围布置围绕佛教文化的发展所建造的佛教世界说微缩主题园、展现佛教音乐的禅音石和回音走廊、祈寿纳福的转经之路回金流影。这一区域主要是展示佛教经书典籍、宣扬佛教文化、举行佛教庆

典的区域，是整个公园的文化核心。

（2）生态静修区

位于高速公路北侧的地块，打造成生态静修区，围绕着最高点的北山佛塔，在其东西两侧建造钟楼和鼓楼，成暮鼓晨钟之景，利用茂密深厚的树林景观，打造寂静幽深的禅修净土。该地区以自然树木景观为主，减少人工工程对其的干扰，尽量还原一种自然随性的景观风貌，符合这里静静享受回归自然，返璞归真的设计意图。

（3）生活活动区

主要位于北山公园的东部，主要是针对当地居民的活动所设置的功能分区，将其划分为康体娱乐区、养生园、骑马场、山地自行车、滑草滑沙场和自然体验园。利用地块内纵横的沟谷、宽敞的斜坡、回转的山路和丰富的植被打造丰富的娱乐体验项目，针对不同的人群分别打造亲子乐园、棋院茶馆、百姓戏台、极限运动、观景挑台等项目，极大丰富了当地居民的业余生活。

（4）绿色休闲区

主要是位于大佛右侧的沟谷地区，由于地形险要，不适合人们进出该区域，所以主要采用四季不同的植物，呈现四季不同的颜色，作为人们休息赏花之所。

三、总结

砂河镇这样一个有悠悠历史的古镇，承载着无数历史文化，她有着浓厚的人文色彩，各种文化在其中碰撞，也包括传统的风水理念；古时人们顺应自然、

利用自然、与自然和谐相处，这个也是在北山公园的概念规划中所追求的。现在这个时代，城市规划要求我们加入创新元素，使其不仅能够适应自然，也要凸显其独特的文化内涵与个性魅力，这在该规划中也已实现。正是这样一个开放的、活力十足的北山公园，搭载着人们美好梦想，她有着深厚古老的文化，也有鲜活的现代气息，娓娓道来属于他的荣耀与苍桑。

参考文献

[1] 王丽心. 风水：古代中国的生态建筑学[J]. 世界宗教文化. 2001.

[2] 翟振威，谷红勋. 传统建筑中的风水文化与现代科学的联系[J]. 建筑知识. 2006.

[3] 张登标. 风水学与建筑[J]. 山西建筑. 2005.

[4] 马媛媛. 风水文化与"生态环境建筑学"[J]. 楼市. 2005.

[5] 姚媛、张俊鹏. 浅谈风水理论与生态建筑学之关联[J]. 城市建设理论研究：电子版. 2012.

[6] 吴明. 浅议生态建筑学和景观建筑学与风水的关系[J]. 城市建设理论研究：电子版. 2014.

[7] 杨伯龙. 谈风水学与生态建筑学及设计中的运用. 四川建筑. 2011.

作者简介

姜岩，理想空间（上海）创意设计有限公司，城市规划师，沈阳建筑大学，硕士。

风与水环境的技术
Technology of the Wind and Water Environment

基于模拟技术的城市微气候与建筑能耗的研究
——卡耐基梅隆大学的实践

Using Simulation Urban Microclimate and Building Energy Consumption Studies
—Practices at Carnegie Mellon University

林琪波 张立鸣 Shalini 张 瑞
Lin Qibo Zhang Liming Shalini Zhang Rui

[摘 要] 文章简要介绍了卡耐基梅隆大学建筑系智能建筑研究中心在城市尺度方面的研究理念,即运用模拟技术支持设计。文章以两个研究案例探讨了具体的两个方面,城市微气候和建筑能耗。天津滨海新区的小区项目模拟了室内与室外为一体的城市微气候环境。研究采用了计算流体力学模拟软件FLUENT®,针对当地的气候,建立了城市设计中的建筑布局和各层的建筑墙窗平面设计的三维模型,模拟了不同季节典型时间的微气候状况。在传统的室外环境模拟的基础上,该方法模拟了室内和室外为一体的整体环境,更好地为住宅房型的通风设计和小区平面图设计提供了决策支持。另一个案例中,匹兹堡市区的城市更新设计项目提出一种城市尺度的能耗信息模拟的新方法。在11.33hm² (28英亩)的城市区域,这个方法为该区域内每栋建筑提供了高保真度的小时能耗预测数据。按照总体规划设计要求,该27.5万m²的区域为混合发展用地,包括住宅、商业、商店零售等不同建筑类型。研究采用美国能源部整体建筑能耗模拟软件EnergyPlus®,针对不同建筑类型,分别建立了满足美国采暖、制冷与空调工程师学会 (ASHRAE) 90.1:2010标准要求的基准建筑能耗模拟模型。最后,研究还采用了Autodesk公司的云技术 (Revit®和 BIM 360 Glue®软件),整合了三维建筑模型与其定量能耗数据。本次研究的目的旨在提高对城市能耗的全面综合理解,并建立一套协同策略,从而加强对可持续城市设计的决策支持。

[关键词] 模拟技术;城市微气候;建筑能耗;可持续城市设计

[Abstract] This paper introduces the research paradigm for the urban study, which is simulation-supported design, in the Center for Building Performance & Diagnostics, Carnegie Mellon University. Two cases are shown in this paper for two areas: one is microclimate simulation; another is building energy simulation. The real estate development case simulated the microclimate regard to the indoor and outdoor environment as a whole. The research, using the Software called Fluent®, built the 3D models with envelopes and landscape for multiple buildingson site, and simulated the microclimate under the native typical weather condition. Based on past experience on the simulation of the outdoor environment, this research extended to one holistic model with indoor and outdoor together to support the design in a more accurate way. The next case presents a novel approach to urban scale energy information modeling that integrates hourly high fidelity predicted energy demand data for every building on an 11.33 ha (28-acre) urban neighborhood located in Pittsburgh, Pennsylvania, USA. The site is zoned for mixed use development comprising residential, commercial and retail building types, with a total floor space of 275 000m² according to the master-plan. Building energy simulation is conducted using DOE EnergyPlus whole-building modeling software to establish a baseline scenario that will meet the current ASHRAE 90.1:2010 standard for the respective building types. Further enhancement using cloud-based technology from Autodesk (Revit and BIM 360 Glue) has also been made to integrate the 3D model display along with the quantitative energy data. The objective of this work is to improve the collective understanding of urban energy fluxes and establish synergistic strategies for improving decision support capabilities of sustainable urban planning and design activities.

[Keywords] Simulation; Urban Microclimate; Building Energy Consumption; Sustainable Urban Design

[文章编号] 2016-70-P-116

一、城市微气候和建筑能耗与现代城市规划

现代城市规划的一个重要议题就是可持续。通过近些年从资源、伦理、社会和经济等等方面进行的探讨和教育,可持续的概念已经得到了广泛的接受。规划理论也对可持续规划和设计议题展开了深入的探讨。首先,城市规划学科开始关注城市对于全球气候

和地区气候的影响。气候变化委员会 (IPCC) 预测全球的气候变化将更多的受到人类活动的影响。建筑和其所在的城市成为控制这些影响的重要方面。例如,美国的建筑能源消耗占全部能源消耗的40%。通过规划来控制建成环境对自然环境的负面影响也是城市规划学科的热点领域。其次,城市规划学科也探讨适应性规划的课题,即如何面对未来的气候变化,

并做出规划应对的措施。新的议题促进了城市规划学科越来越多的融合其他学科发展的成果,运用自然科学和社会科学的方法进行城市尺度的研究。卡耐基梅隆大学的智能建筑研究中心近年的研究主要关注于两个方面:城市微气候和建筑能耗。

城市和其周边的环境是一个相互作用的系统。城市的建筑布局、绿化、道路等改变了原来的地表系

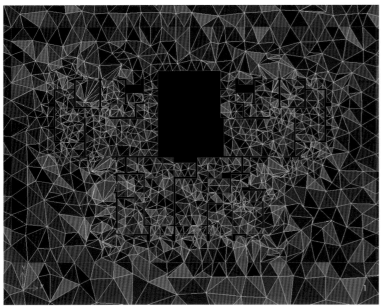
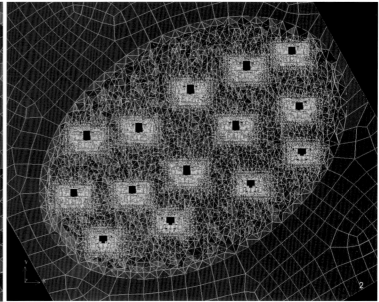

1.放大的单个建筑的流体模拟网格
2.小区整体的流体模拟网格

统，建筑排放的废热、释放的污染物、减少的水量蒸发改变了城市大气的热量平衡。城市所在空间的气候虽然还决定于全球和区域的气候系统，但是，已经发生了显著的变化，构成了一个总体气候环境下的城市微气候。因此，城市内部的气候不能完全用简单的郊区的气象数据进行描述，典型的例子就是城市热岛效应。更重要的是，城市微气候在一定条件下，已经严重地影响到了人在城市中生活的舒适程度。例如，近年来得到越来越多关注的行人舒适度的研究、空气污染物的研究及城市缺水的研究等。这是城市对自然环境的影响。同时，改变后的自然环境也进一步改变城市热系统，最典型的例子就是由于城市温度的升高，建筑制冷能耗也相应的增加。还有，比如大面积玻璃的使用，使得反射的太阳能会增加周边建筑的能耗。了解这些系统的运行，以及各种问题的成因，将给可持续的城市规划与设计提供具体的借鉴。

现代城市规划除了强调空间美学，也指导着城市发展与控制建成环境。城市微环境和建筑能耗研究能提供具体的城市规划指标和设计决策参考。后文的一个案例可以看到可持续的城市设计如何利用城市微气候研究来评估设计目标。另外一个案例将探讨如何建立可靠的详细的建筑能耗数据平台和这个数据平台对可持续的城市设计以及城市管理的积极意义。

二、运用模拟技术支持设计

模拟技术是指对真实世界的过程或系统的运行的模仿。[1]现代技术发展，特别是计算能力的成倍增长，使得模拟技术得到了迅速的发展和广泛的应用。值得注意的是，模拟技术并没有从根本上创造新的科学知识，而是运用已有的自然科学知识。但是，基于基本的物理、化学和生物等原理，模拟技术能够提供复杂系统的运行过程。模拟技术基于基本的系统运行过程（如基本的物理过程），对类似的物理过程进行仿真。因此，模拟技术的一个重要应用就是支持设计。模拟技术为人类社会的众多领域提供了在虚拟世界中实验和测试的可能，大大减少了成本和风险。例如，现代飞机的设计就运用了大量的模拟技术，包括利用流体力学的基本原理测试飞机外形设计的合理性。模拟技术同时也促进了知识的扩展，为很多领域提供了新的课题。在本文中，城市微气候的模拟方面就采用了机械工程中的流体力学的模拟技术，原来是用于对复杂的流体环境，如飞机外形和发动机等的研究。而建筑能耗模拟方面采用了暖通工程的热力学的模拟技术，最早是应用于空调系统的设计中。

三、城市微气候模拟

天津生态新城12—a区块住宅小区项目的设计目标是一个可持续的高效能的人居环境。开发形式是中国新城建设典型的高层塔楼住宅，最高为23层。除了低能耗、环保等要求，如何营造一个充分利用自然通风而舒适的室内环境成为另一项重要要求。在主流的设计市场中，采光、通风、朝向和小区室外设计等的探讨不一而足。建筑师创造出了许多创新的针对性的平面设计创意。这些知识固然是建筑师设计天赋的积累，但是，真实的设计决策有时候面临难以预见的结果。一些户型希望达到中国传统人居环境的"穿堂风"等设计理念，但可能会因为塔楼相互的关系而改变实际的状况。因此，基于流体力学模型的流体模拟技术（CFD）可以展现在一定室外风环境下，不同位置的详细的风速、风向和温度等全面的技术参数。利用这个模拟的结果，设计方案是否达到了设计要求就可以从详细的每个房间的技术参数中进行判断。因此，该项目具有以下两个目标。

（1）自然通风和室内外环境

①天津市典型冬季和夏季天气条件下，室内外风环境的模拟；

②在模拟出的特定风环境下，典型楼层的自然通风情况。

（2）自然通风条件下的室内热环境

①典型夏季天气条件下，室内外空气流场状况；

②模拟出的特定风环境下，每个公寓的室内换气率；

③自然通风条件下每个公寓的温度分布情况。

该项目的挑战在于创造一种将室内室外环境为一体进行模拟的新的方法。目前，主要的环境模拟实践都只能采用分开的室内与室外环境模拟。进行一体化模拟的主要挑战在于两方面：其一是一体化模拟的参数设置必须要求模拟人员能够熟悉流体力学和网格设置的基本知识，以及软件本身的设计原理，在必要

表2   第11层室内外风场计算结果

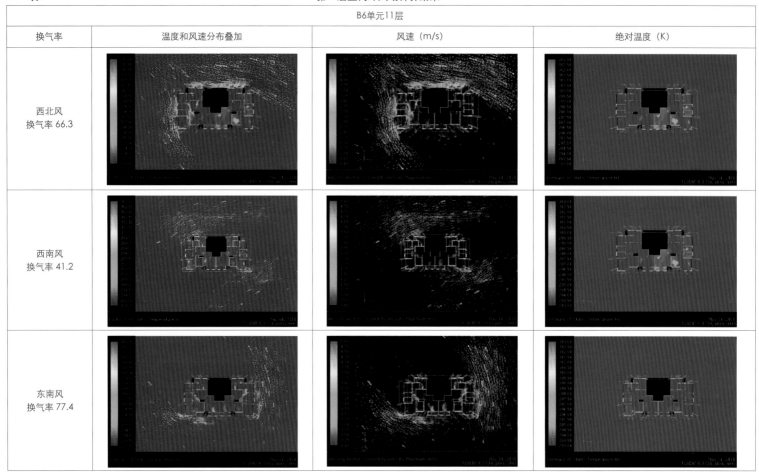

换气率	温度和风速分布叠加	风速（m/s）	绝对温度（K）
西北风 换气率 66.3			
西南风 换气率 41.2			
东南风 换气率 77.4			

B6单元11层

3.夏季自然通风情况

4.冬季低温情况

5.自然通风情况下风场计算结果

6.冬季低温情况下风场计算结果

7.UrbanEnergy360里的地块层面和单个建筑的设计峰值负荷

的条件下进行编程。其二是计算能力在一般情况下是有限的，模拟网格的增长带来计算时间的指数增长，因此，往往模拟的时间不能满足设计变化的要求。因此，作为实践和研究结合的前沿项目，本项目的参与者包括了流体力学方向的机械工程研究员、计算机工程师以及智能建筑研究中心的相关资源。FLUENT®系列软件作为本项目的模拟软件平台。

1. 项目设计和模拟参数

首先，我们在软件中建立了一个包括墙体厚度和窗户的详细的整体小区三维模型。整体模拟范围为130m×250m，上下各延展10m的三维空间。对于每个建筑，在每层的建筑平面图基础上，楼板和墙体厚度设置为200mm。为了模拟一体化的室内外环境，针对不同的尺度，四个尺寸的空间网格模型同时生成在三维模型中，分别对应室内房间、单个建筑周边5～6m范围、建筑群体范围、街区范围等。

由清华大学开发的DeST®软件被用于分析天津市的气象数据。参考国内的设计标准，典型夏季的外部模拟环境可以得到确定。通常情况下，北方地区自然通风基本上是在夏季，并且室外温度不超过室内舒适温度[2]的情况下。美国采暖、制冷与空调工程师学会设定了大多数建筑物的热平衡温度[3]为18.3℃。另外，中国的《严寒和寒冷地区居住建筑节能设计标准》（JGJ 26—2008）规定了夏季舒适温度的上限为26℃。根据这两个温度确定的范围，天津市适合自然通风的时间有2 593h，占全年的30%。另外，在冬季一定的低温情况下，室外的高风速是降低行人的舒适度的主要原因，所以降低室外极端的风速也是设计的目标之一，当地气象专家建议高于5℃为冬季的舒适温度。因此，低于5℃的时间确定为冬季典型的天气状况。在这两个范围内的风玫瑰制作如图3、图4。根据这些数据分析，确定了两个流体模拟模型的外部参数设置（表1）。

表1 流体模拟模型两个模拟环境外部参数设置

条件	风速（m/s）	风向
冬季	5	北
夏季自然通风	2	东南

2. 模拟结果

经过计算，在达到流体稳态的情况下，从流体模拟模型的结果中，可以得出初步的分析结论如下。

（1）外部风环境合理均衡，没有极端的高风速区域；

（2）没有风环境盲区，即空气难以流通的地区；

（3）建筑布局增加了绿色步行廊的夏季风速，同时，很好的控制了绿色步行廊的冬季风速，形成了较为舒适的步行环境。

针对自然通风情况，有三个主要的指标，一个是换气率（ACH），指一定体积的室内空气在一小时内更新的数量相对于室内体积的比例。每个建筑内部都获得了良好的换气率，最小的换气率都高于15。模拟结果可以给出详细的每个建筑的总换气指标，并以三维流线显示出换气的主要通道路线（表2第一栏——换气率），在此不一一详述；一个是盲区，即空气难以更新的区域。通过模拟出的风场图，建筑师可以直观的看出建筑内部那些 房间几乎没有通风，并测试不同的方案。例如，在最终的设计中，洗漱间由于窗户面积有限，不能达到自然通风的目标，需要增加机械通风设备（表2第三栏——风速）；一个是温度的升高变化，即通过自然通风达到降低室内温度，因此，温度的升高越少越好（表2第二栏——温度和风速分布叠加，及第四栏——绝对温度）。值得指出的是，在表2中，第二栏将风场值和温度值在同一张图中输出，这种互动的方式更加直观的建立了户型影响风场，进而影响温度分布的关联，给建筑师的决策带来了极大的便利。

四、能耗模拟

在开始部分，本文简要介绍了能耗模拟是从暖通工程的实践传递到现代的综合建筑设计。对于建筑设计，很多绿色建筑标准都提供了能耗模拟的评分奖励（如美国绿色建筑协会的LEED标准）。城市规划领域中也开始了对能耗的探讨，如生态城市等等。在传统的规划实践中，容积率（FAR）就是控制建成环境的一项重要指标，但是，相同的容积率情况下，实际的建筑能耗差异非常大。建成环境的控制指标有必要加入能源消耗控制这一对可持续城市设计非常重要的维度。作为政策和法规工具，城市规划的需求在于确定一个基于科学的能耗标准。从理念到具体的技术发明和推广，还有很长的一段路。智能建筑研究中心通过与匹兹堡市的合作，首次在匹兹堡市的旧城更新项目中进行了这个课题的研究，即"UrbanEnergy 360——基于云计算和高精度建筑能耗模拟的城市数据分析与交互平台"。作为初步的研究，该项目希望为城市设计和城市管理部门提供一个有效的规划控制和管理工具。

1. 研究方法

建筑设计和施工行业得益于计算机技术的发展，已经能够在设计初期实现对建成情况的真实模拟，例如建筑信息模型（Autodesk Revit®），建筑能源模型（DesignBuilder®）。另外一方面，建筑能耗标准已经相对完善，这些标准从建筑材料到建筑内部系统给出了如何实现基本的节能目标的详细设计指标。例如，在美国，美国采暖、制冷与空调工程师学会针对8个气候条件和具体的建筑面积，给出了从墙体、窗户到空调系统必须达到的物理指标。满足这些标准，并利用计算机技术，可以在设计的初期就预测建筑物的能耗。在本次匹兹堡市的旧城更新项目中，能耗模拟就被用于计算设计范围内各个地块的全年的能耗。这个能耗的计算给城市政府提供了基本的指标参考，即未来的地块建筑设计都必须达到或者高于这个能耗

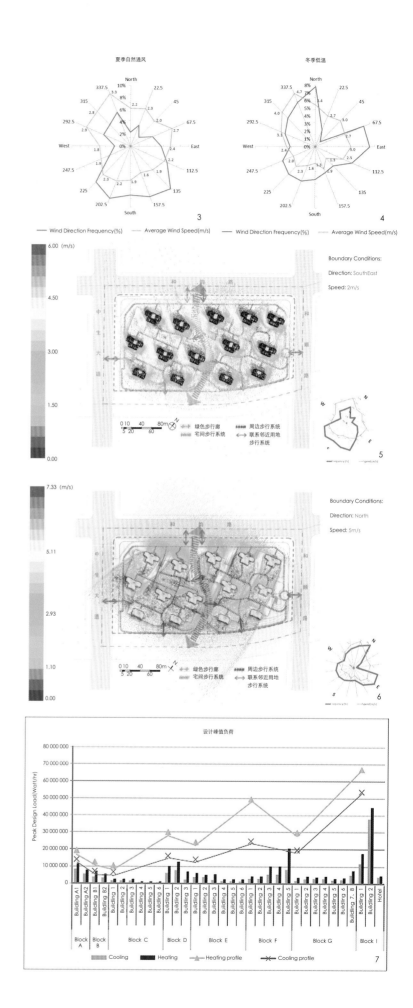

指标。该研究的另外一个作用在于，精确到小时的能耗给城市基础设施部门提供了设计参考，如供暖和供电的峰值负荷。相比较于经验化的推算，模拟技术提供的更好的解决方法。

能耗模拟采用的是美国能源部开发，并且在世界上广泛使用的EnergyPlus®整体建筑能耗模拟软件。由于该软件的核心模块是模拟真实的建筑环境、暖通、照明等维持建筑运行的子系统，并且，经过十多年的开发和验证，它的模拟结果能够最有效的作为实际运行结果的比照。因此，它成为该领域最权威的模拟软件之一，也是美国绿色建筑委员会的LEED认证的认可软件之一。由于美国大部分州都将美国采暖、制冷与空调工程师学会（ASHRAE）90.1作为新建建筑的设计标准，为了保证建筑模拟结果的准确，针对不同建筑类型，分别建立了满足ASHRAE90.1:2010标准要求的基准建筑能耗模拟模型。这些详细的设计参数包括了表3中的各项数据。通过云计算平台（Autodesk Revit® + BIM 360 Glue®），将每栋建筑的模拟数据进行不同尺度和不同时间的数据交互。

表3　　　　设计参数类别表

类别名称	备注
建筑环境信息	地理位置、小时气候数据、设计日数据、周边建筑、实际建筑朝向
建筑几何模型	窗、墙、地下结构
热工分区	根据建筑功能和暖通设备划分的环境控制分区
人员行为	人员密度、出入时段
照明设备	照明功率密度、设备功率密度、照明灯具的可见光散热及辐射散热百分比、设备的潜热及辐射散热百分比、外部照明功率和控制类型、外部设备功率
生活用热水	人均热水用量指标
建筑外围护结构	保暖系数、反射系数
室内环境控制	不同季节舒适度
暖通空调系统	热水设备、空气控制单元、热交换单元、冷凝器等等
运行策略	建筑负荷特征（人员密度、代谢率、服装热阻、照明、设备、围护结构冷风渗透率、用水设备），设备控制策略（供暖、制冷系统的温度设定值），暖通空调系统的运行策略（空气处理单元、风机、盘管、泵、锅炉、冷水机组）

2. 模拟结果和数据可视化平台

模拟的结果包括每栋建筑的全年8 760h的能耗数据。这些数据最终汇总在UrbanEnergy 360的数据库中。通过UrbanEnergy 360数据交互平台，规划师或者城市规划部门可以查看每个街区和每个建筑的整体能耗指标，并将该指标出示给开发商进行控制。开发商的实际建筑设计必须达到或者低于UrbanEnergy 360的能耗标准。城市的基础设施规划也可以利用该平台查询更加详细的单体建筑指标，或者是分时段的高峰时段指标，为供暖、供电等基础设施设计部门提供更加可靠的数据参考。该研究对未来城市规划的贡献在于：其一是改进了传统的经验估值的方法，给城市管理和基础设施建设提供了更加准确的依据；其二是借助于可靠的模拟数据，为落实可持续的发展提供了更加准确和有信服力的政策目标；其三是城市规划和管理的扁平化，通过建立基于云计算的网络平台，实现了多个城市管理部门的数据共享。

五、结语

可持续的城市设计面临着新的挑战。挑战在于气候变化和资源的约束将越来越需要现代的城市规划考虑城市对环境的影响，并最终影响城市的人居环境品质。城市规划学科需要并通过研究影响城市建设在环境方面的决策。利用其他学科的知识和模拟技术，来更好地研究城市环境问题将会成为达到可持续的城市设计必不可少的部分。而且，只有在设计初期就充分的研究其影响，提供基于科学知识和设计标准的详细的控制指标，才能在未来的建设和管理中达成可持续的设计目标。

注释

[1] 也称作"仿真技术"，http://en.wikipedia.org/wiki/Simulation，2015年1月15。

[2] 室内舒适温度是人体在一定的相对湿度、风速、衣着量和活动量情况下计算的温度值。不同气候环境有不同的标准。

[3] 指在这个温度下，建筑达到热平衡状态，并且不需要人工制冷或制热。

软件简介

[1] Fluent® 是ANSYS软件公司出品的流体力学模拟软件，广泛用于工业设计领域，如飞行器设计、涡轮设计和汽车设计等等。它能够模拟从流体、热交换、燃烧和半导体等等复杂的流体的物理过程。

[2] SketchUp®是Trimple软件公司出品的快速三维设计软件，广泛用于多种三维设计行业。

[3] EnergyPlus®是美国能源部资助，有劳伦斯•伯克利国家实验室开发的全建筑能源模拟软件，可以模拟建筑采光、通风、空调系统和多种可再生能源系统，如太阳能等，不支持可视化建模。

[4] DesignBuilder®是英国DesignBuilder公司出品的绿色建筑模型软件，支持三维可视化建模，能够导出到EnergyPlus平台进行模拟。

[5] Autodesk Revit®是Autodesk公司开发的建筑信息模型（BIM），广泛应用于建筑设计和施工领域，支持绿色建筑模型的导出。

[6] BIM 360 Glue®是Autodesk公司开发的云平台，支持存储、分享和分析相关的建筑信息模型。

作者简介

林琪波，博士，卡内基•梅隆大学建筑系终身教授，智能建筑研究中心；

张立鸣，卡耐基•梅隆大学博士研究生；

Shalini，卡耐基•梅隆大学博士研究生；

张　瑞，大数据科学家，IBM沃森研究中心。

水文水力模型导向下的城市水系形态与排水防涝能力研究
——以福建省石狮市环湾片区为例

Correlation between Morphological of Urban River System and Capacity of Waterlogging Drainage
Under the Guidance of Hydrologic and Hydraulic Models
—Take the Central Bay Area of Shishi in Fujian as an Example

周杨军 葛春晖 赵 祥
Zhou Yangjun Ge Chunhui Zhao Xiang

[摘　要]　近年来随着城市内涝现象频发，对于城市水系形态与城市排水防涝能力关系的研究开始兴起。笔者试图借助于MIKE水文水力模型，通过率定合理的水文水力参数，模拟验证不同水系水网结构的水动力差异，并通过二维图示加以清晰表述。本文主要以福建石狮市环湾片区为例，通过对该片区不同城市水系形态与排涝能力相互关系的研究，来确定水系的设计形态并引导城市用地与设施的空间布局。

[关键词]　MIKE模型；排水防涝；水动力；水网结构

[Abstract]　Along with recentfrequently phenomenon of urban drainage, Research on the relationship between morphological of urban river System and capacity of waterlogging drainage began to spring up. Author attempts tosimulate and verify hydrodynamic differences between various structure of river networks by means of Mike model, Given reasonable hydrologic and hydraulic parameters, Meanwhile, tobe clearly expressed by the two-dimensional icon. This paper determined the morphological of river system through the study on correlation between morphological of urban river system and capacity of waterlogging drainage, to guide spatial layout of urban land and facilities, taking Shishi City, Fujian Province in the Central Bay Area as an example.

[Keywords]　MIKE Model; Waterlogging Drainage; Hydrodynamic; River Networks Structu

[文章编号]　2016-70-P-121

一、引言

在水利工程专业领域，国内外已有很多水系的实施性项目案例（如巴黎塞纳河、上海苏州河等）采用了数学模型（如：丹麦DHI-Mike模型、美国hec-ras模型、EFDC模型、荷兰Delft3D模型，国内新安江、流溪河模型等）验证的方法，以评估水系在防洪、环境、资源等方面的效益，但在该专业领域内，尚缺乏对城市空间规划的衔接；而在城市规划领域内，一直以也缺乏对水系形态的功能研究，尤其是水系的防洪排涝功能。城市规划与设计方案往往注重形态，忽略了对于城市水系功能的认识，会造成水系排涝能力等重要功能与水系形态的脱节，导致水系布局方案缺乏理性科学的支撑。

基于这样的背景，本文从水系功能的角度出发，提出运用数学模型验证的方法去转变传统规划的思路，运用MIKE21水动力模型在规划前期对石狮中心城区内不同水系方案进行比对研究，以确定较

优的水系形态。

二、项目背景

1. 概况

石狮市位于福建省东南沿海，是三面临海的半岛。规划区，即石狮市环湾片区分为三个片区：城北片区、北环片区与桥头片区。其中，城北片区位于石狮市西北角与晋江交界处，面积237.1hm²；北环片区位于大北环路南北两侧，西至福临路，东至石蚶路，规划面积为372.2hm²，北环片区靠近老城区，位于中心区城区东北部，是石狮城市向北发展的重要空间载体；桥头片区北至沿海大通道，南至石狮大道，西至绕城高速，东至石蚶路，规划面积为459.8hm²。环湾片区地势低洼，区内现状水系条件相对凌乱，整体排水防涝能力较弱，为石狮的易涝区域，内部存在较大面积蓄滞洪区。纳入城市建设用地后，为保障区域的防洪排涝安全，需对该片区内部现状水系进行梳理，

并结合景观形态设计，提升土地空间价值。

2. 水文水系

石狮市境内没有较大的河流，有雪上沟、塘头沟、梧垵溪、厝上溪、塘园溪、龟湖溪、下宅溪、大厦溪、洋厝溪、莲塘溪、西岑溪、莲坑坂溪、院上沟、后安沟、山雅沟等多条溪河，流域面积达119km²。其中流经石狮市城区的水系有雪上沟、梧垵溪、塘头沟、塘园溪、龟湖溪、莲塘溪、院上沟、后安沟和山雅沟等。各小溪河均为间歇性溪流，溪小流短，蒸发渗透量大，径流量少。但石狮市属南亚热带海洋性季风气候区，同时也是台风活动频繁的地区之一，由此造成的台风暴雨、大暴雨、甚至特大暴雨时有发生；流域中上游为低山、丘陵，暴雨形成洪水在中上游汇流快，下游地势平坦、河道坡降缓，受沿海潮水顶托影响，洪水（涝水）出流不畅，极易形成洪涝灾害；特别是近年来人类活动的影响，河道束窄、河床淤积，造成河道行洪能力下降，也是洪涝灾

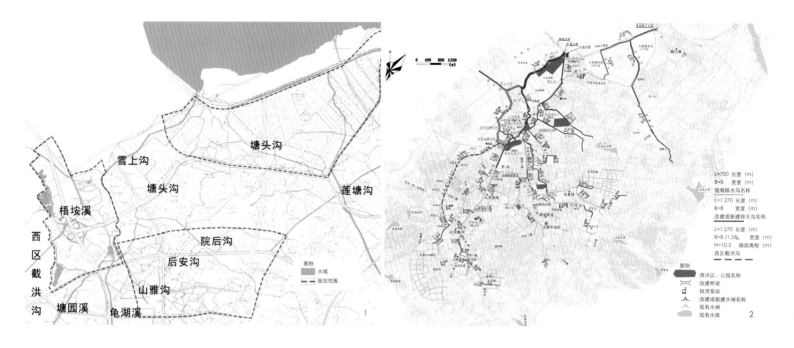

1.水系现状
2.防洪排涝整体规划方案
3-4.两种水系形态方案示意图
5-8.模型率定断面流量模拟值与实测值对比图
9-10.模型验证断面流量模拟值与实测值对比图
11.方案1与方案2雪上沟特征断面的流量模拟过程对比

害频繁发生且日益加重的重要原因。

3. 防洪排涝规划

由于石狮中心城区环山面水,现状中心城区的排洪排涝标准大多在2～10年一遇之间,局部尚不足1年一遇,从近几年发生的洪涝灾害频繁发生,造成严重损失。根据"石狮市城市总体规划",2020年石狮市区中心区人口规模达35万～40万人。按《城市防洪工程设计规范》(CJJ50—92)规定,其防洪标准(石狮城区主要是防御山洪)重现期为20年,根据闽水电(1997)水926号《福建省城市排水排涝设计暂行规定》等有关规程规范,石狮市城区排涝标准提高至20年一遇。雨水重现期选取为1～3年一遇水平。

中心城区具体的防洪排涝工程规划方案见图1,规划中主要通过环湾片区的雪上沟来排除石狮中心城区南侧的山洪和外来洪水,并在环湾片区内规划设置450亩的蓄滞洪区。可以发现,城市的防洪排涝措施偏重于工程设施规模与实际抵御能力,而忽视了城市水系本身的结构形态的合理性,往往不同的水系形态有着不等同的防洪排水能力。与此同时,在环湾片区以商业开发、居住、教育等为主、未来是石狮城市空间主导发展方向地区的背景下,如何处理好城市的水安全与空间开发利用之间的关系亦十分重要,因此除了合理布置防洪排涝工程设施之外,安全的城市水系形态

的塑造变得尤为关键。科学地处理环湾片区城市水系形态与其承担的防洪排涝能力关系成为该区开发的首要任务。下文将在水文水力模型引导的方法下,从水系的防洪排涝功能方面展开对城市水系形态的研究。

三、水系形态设计

1. 水系设计原则

(1)统筹兼顾,综合设计

综合考虑各项涉水规划要求,与城市总规、防洪排涝专项等及前期各类规划相协调,兼顾防洪排涝、水环境治理、水资源合理配置和水景观等方面,进行水系综合设计。

(2)保证水系的整体通畅性,满足活动水体的要求

为避免发生因水系结构不完整,局部水系规模不匹配而导致的排水不畅,洪涝频发,水质恶化等现象,在水系方案设计阶段应在满足防洪排涝、水资源、水环境、水景观相关规划要求的基础上,对区内主要水系进行清淤连通,开坝建桥涵,保证水系通畅,为防洪排涝、水环境实现清洁、优美、适宜人居创造条件。

(3)考虑景观生态需求,促进区域生态环境建设

水系作为景观生态中重要的构成要素,对区域

景观建设及生态环境建设具有重要的作用。因此,规划中应结合用地功能布局进行河湖水系优化布局,与城市绿地相配合,形成布局合理的开放空间体系。同时,由于丘陵性河流蓄水能力较差,规划中应采取相应的工程措施,增加河道及湖泊调蓄量,为区域生态环境提供必要的水资源保障支撑的同时,也可提升城市景观与环境品质。

2. 水系设计方案

针对规划区的地形特征、水系现状与城市设计意向等关键因素,遵循水系设计的主要原则,前期形成了两种水系方案。

方案1主要利用雪上沟和塘头沟进行区域排水防涝,并通过对现状地形竖向的优化与调整,进行水系连通、优化水系结构,实现两片多点多线的网状排水。方案2主要依托现状排水格局,进一步强化雪上沟汇水区的排洪能力,强化塘头沟汇水区的排涝与蓄涝能力,重点对现状蓄滞洪区的扩容,形成两片单线大点的水系方案。

两种方案均有各自的设计意向与意图,但出发点都是提升片区内水系的防洪排涝能力与滨水空间品质,但不同的水系方案意味着会形成不同的城市用地空间布局,如何甄别水系方案的优劣以确定更为合理的空间布局?下面本文运用Mike水力数学模型对不

同的水系方案进行定量研究，通过对比不同水系格局的排洪排涝能力以确定城市水系空间布局。

四、模型分析计算

1. 研究方法

石狮城区境内无水文测站，与石狮邻近的九十九溪流域内有青阳气象站、磁灶雨量站，邻近流域有泉州大桥、南安、赤湖、安海、永宁、英林、深沪、金井等雨量站，2002年在九十九溪下游河道出口设有溜滨、乌边、六原三组临时水尺观测水位，具有2002年7—8月2个月的高潮水位资料，2006年7月在蚶江水闸和深沪增设临时水尺观测潮位。此外，晋江干流有泉州大桥站、泉州湾内有崇武和前浦等潮水位站。

因此本次模型的水文气象数据主要来源为上述水文气象站的实测流量、潮位与水位资料，并辅以设计暴雨（50年一遇）推求设计洪水的方法与河道水动力水力学方法计算水系重要节点断面的洪水位、流量等重要模拟数据以支撑水系方案的合理性。

2. 水文气象设计条件

根据《石狮市城区防洪排涝规划报告》与《福建省暴雨等值线图集》等资料，石狮暴雨级数以50.0mm～99.9mm出现的频率最高，约占80%，100mm以上的暴雨日频率较低，仅约20%。梳理城区范围的水文气象资料，对片区内各雨量站50年一遇最大1h、6h、24h雨量进行分析，并做适线（按P-Ⅲ型）分析，得出50年一遇最大1h、6h、24h雨量均值、变差系数Cv等暴雨参数成果，并选取典型雨型进行同频率缩放确定50年一遇设计暴雨，作为模型的降雨输入依据；并根据相关资料提供的已施测的各河道、沟渠横断面数据及狮市城区各溪河的各控制断面集水面积、主河道长及主河道平均坡降等流域特性指标作为模型的基础数据库。

表1　　城区暴雨参数

时段	均值（mm）	CV	CS/CV
1h	44	0.42	3.5
6h	100	0.45	3.5
24h	155	0.48	3.5

3. 水系方案概化

Mike21水力数学模型需要对水系设计方案进行概化处理，以便于模型快速计算与反馈。水系方案的概化过程中侧重考虑对水流输送占主导作用的骨干水系，其细支水系虽不概化，但在模型中会进行参数设置以兼顾其他水系的调蓄与输送功能。

在本次水系方案概化中，本文采用同种工况条

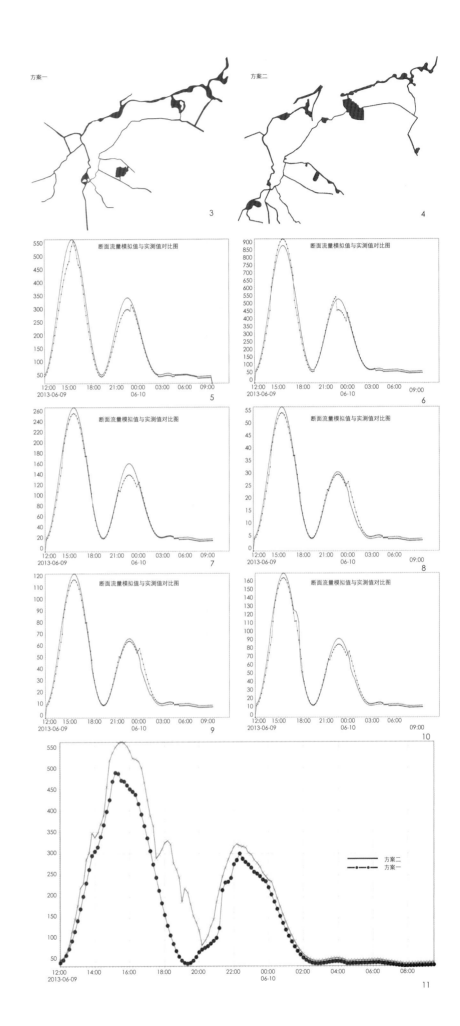

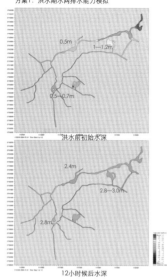

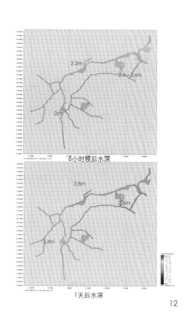

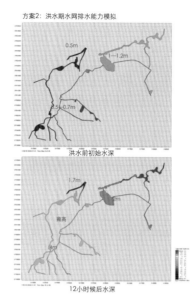

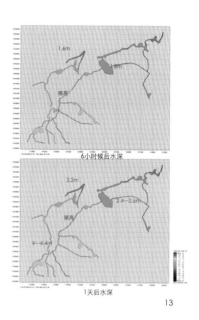

方案1：洪水期水网排水能力模拟

方案2：洪水期水网排水能力模拟

洪水前初始水深　　6小时候后水深　　洪水前初始水深　　6小时候后水深

12小时候后水深　　1天后水深　　12小时候后水深　　1天后水深

件，包括相同的水文气象设计条件、相同的河底地形设计、相同的主要河道横断面与纵断面、相同的糙率场等，不同的只是水系形态。

4. 模型参数率定与验证

模型的初期参数采用现状水系工况的率定结果。利用各水位站实测资料，取典型年暴雨实测过程中的各项实测数据（水位、流量）作为模型率定与验证的依据。

（1）模型率定

模型率定目标是总水量平衡、径流过程线形状相似、洪峰拟合及低流量的拟合。因此在模型率定过程中，需要不断调整模型的参数值，直到计算的径流与实测已知径流过程拟合较好为止。

（2）模型验证

通过模型率定得到的模型参数，在此基础上，利用一个或数个水位站实测流量或水位资料验证参数合理性。

五、水系方案比选

模型率定与验证完毕后，运用模型计算两种方案在标准设计暴雨情况下的洪涝水动力条件，从系统与细节两个层面去比选方案。

1. 水系方案的系统评估

（1）水系方案1的防洪排涝能力分析结论

50年一遇洪水期内方案1的水系洪水演进的过程中各区域水深的涨幅步调一致。上游来水能够快速的排除，河网各区域的滞洪滞涝能力差距不明显。1天后上游略有壅水，但整体排水已趋于稳定，呈现出区域水网联通整体排水的格局，满足了城市排水防涝标准的要求。从区域主要排水通道雪上沟的特征断面（汇水面积为46.2km²）的流量模拟过程来看，通过西区水系的分洪分涝，中心城区雪上沟特征断面的洪峰流量为488m³/s。

（2）水系方案2的防洪排涝能力分析结论

50年一遇洪水期内方案2水系上游水位普遍壅高，水网中上游水深持续增高，排涝排洪不畅。洪水1天后中上游水深壅高势头减缓，但水网整体的排水压力尚未减缓。呈现出"水网分隔排水"的格局，东西两片水系均不能有效发挥分洪分涝的作用，都面临着较为严重的防洪排涝压力。从区域主要排水通道雪上沟的特征断面的流量模拟过程来看，由于无法有效发挥西区水系的分洪分涝的作用，中心城区雪上沟特征断面的洪峰流量为559m³/s，水系方案2相比方案1洪峰流量高出了71m³/s。

（3）对比与小结

从2个水系方案的整体的排洪排涝的过程来看，方案1水系整体的排洪排涝能力优于方案2的水系，方案1的排洪排涝过程更为顺畅与安全，而方案2具有潜在的安全隐患。从关键特征断面的洪水演进过程与洪峰流量对比来看，方案1的洪水过程与洪峰流量相对方案2更为安全。因此出于对城市在洪水期间的排水安全方面考虑，笔者认为方案1更适合。

2. 关键节点的水动力对比研究

为了更确切地了解两种水系结构对于排水防涝的影响，笔者选取了三个相似位置的节点进行水动力的强化模拟，以局部位置的水位与水量变化来详细表达水网动力情况，从而为形态选择提供数据支持。

从两种水系方案的三个节点来看，可以模拟出方案1中的水系节点普遍动力较强，具备较好的排水能力，湖泊的形态与位置也相对合理。而方案2中的水系节点动力则相对较弱，可能具备一定的潜在风险。因此出于形态景观与城市排水防涝安全的双向考虑，笔者认为方案1更匹配规划区的现实情况。

六、水系方案与用地方案的衔接

依据以上的研究成果，确定水系方案1为本次规划采用的最终水系形态。在遵循"以水定城"的总体规划思路下，本次用地方案与水系方案进行了充分衔接。在规划区的3个片区内确定了重要水系的空间布局：

城北片区包含两条重要水系：梧埂溪和雪上沟，其中雪上沟控制蓝线宽度35～60m；北环片区包含三条重要水系：院后沟控制蓝线宽度8～15m，后垵沟控制蓝线宽度5～10m，山雅沟控制蓝线宽度4～6m；桥头片区包含三条重要水系：塘头沟控制蓝线宽度25m，莲塘溪控制蓝线宽度17～25m，蚶江沟控制蓝线宽度15～25m。

规划水网在结合已有水道的基础上，与周边用地规划、道路规划、竖向规划等相关规划系统衔接的基础上，结合地形开挖水系形成蓄滞洪区，与水系河流一并形成规划区的防洪排涝体系。同时，滞洪区可以打造成为景观湖泊、湿地等长期有水的城市公园，使之兼具景观、生态、水资源管理的综合功能。

七、结论

通过上述相关研究表明，在合理确定水文相关参数的前提下，引入MIKE21模型对不同水系形态的水动力条件进行综合比较，通过二维可视定量化的方法以直观表达水系形态与排涝功能的相关性，并辅助用地规划与水系、竖向等方面的衔接，极大缩短了水系设计意向与最终实施方案中的差距，弥补了两者之间的理论联系。在目前城市排涝问题日益频发的条件下，上述研究方法的引入有利于城市排涝问题的解决与城市用地方案合理性的提升。

参考文献

[1] 中国城市规划设计研究院上海分院. 石狮环湾桥头片区、城北片区、北环片区控制性详细规划[R]. 2014.

[2] 福建省水利水电勘测设计研究院. 福建省石狮市中心城区防洪排涝规划报告[R]. 2007.

作者简介

周杨军，中国城市规划设计研究院上海分院，市政规划室主任，注册公用设备工程师（给水排水），主要从事领域：水系规划、市政工程、生态城市规划等；

葛春晖，中国城市规划设计研究院上海分院，规划研究室主任工程师，注册规划师；

赵　祥，中国城市规划设计研究院上海分院，工程师。

12.方案1水系洪水期排水能力模拟
13.方案2水系洪水期排水能力模拟
14.方案1水系重要节点动力分析
15.方案2水系重要节点动力分析
16.规划区用地布局总图

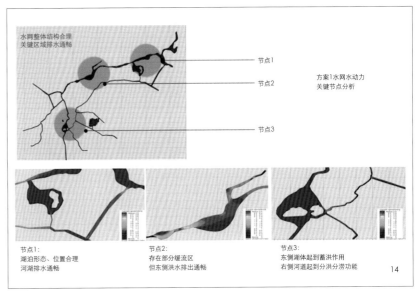

方案1水网水动力关键节点分析

节点1：湖泊形态、位置合理 河湖排水通畅
节点2：存在部分缓流区 但东侧洪水排出通畅
节点3：东侧湖体起到蓄洪作用 右侧河道起到分洪分涝功能

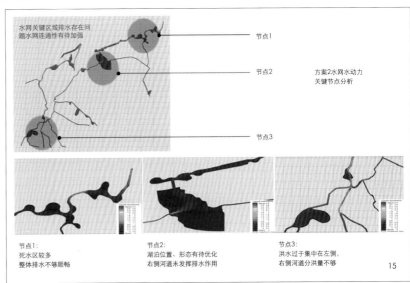

方案2水网水动力关键节点分析

节点1：死水区较多 整体排水不够顺畅
节点2：湖泊位置、形态有待优化 右侧河道未发挥排水作用
节点3：洪水过于集中在左侧，右侧河道分洪量不够

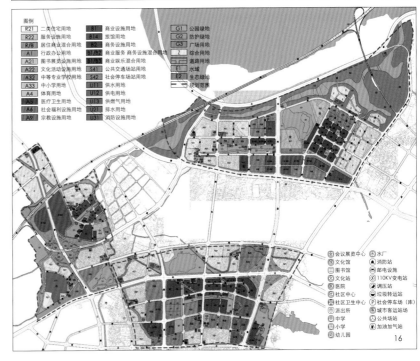

他山之石
Voice from Abroad

与水共生 荷兰的城市空间
——以鹿特丹和阿尔梅勒为例

Integration of Water and Urban Space in the Netherlands
—Case of Rotterdam and Almere

陆 媛
Lu Yuan

1.荷兰的主要城市与水系
2.分析图
3.城市水系结构与土地利用图
4.阿尔梅勒城市空间发展历程
5.阿尔梅勒城市空间与蓝绿系统

[摘 要] 荷兰的城市空间规划以注重城市发展与环境的相互协调为特色。本文从城市空间着手，以鹿特丹与阿尔梅勒为案例，主要介绍其与水相关的城市特色，包括背景、空间布局、规划趋势等，以期对我国的城市空间规划起到借鉴作用。

[关键词] 荷兰；城市空间；水城关系；鹿特丹；阿尔梅勒

[Abstract] Spatial planning in the Netherlands focuses on the coordination of urban development and the environment. By learning from the urban space and case, this paper mainly introduces urban spatial features related with water on the case study of Rotterdam and Almere. Background, spatial structure and planning trend are illustrated, which should be useful for the urban spatial planning in China.

[Keywords] The Netherlands; Urban Space; Relation between Water and City; Rotterdam; Almere

[文章编号] 2016-70-C-126

一、引言

对于荷兰的国家形象，郁金香、风车、木鞋代表的是其以田园景观为主的景象，而水系纵横的各类水城则代表了荷兰在空间上的特色。荷兰有相当一部分的国土位于海平面以下，如何处理城市与水的空间关系是其发展中的重要问题。通过在土地规划、区域规划等方面的长期探索，荷兰的实践为其他国家和城市提供了丰富的经验。

本文以鹿特丹与阿尔梅勒两个城市为例，介绍与分析与水相关、富有特色的城市空间，期望为我国的城市规划与建设提供积极的借鉴意义。

二、荷兰城市空间规划发展概述

二战之后，荷兰凭借对更多创新、可持续城市空间的创造，以及对理想城市和远景的探索，在城市、区域、空间规划等方面走在世界前列。

为了防止城市过于密集，第二次国土规划根据"组团式分散"原则，从区域整体出发，疏散阿姆斯特丹、鹿特丹、海牙等大城市的人口，在城镇间保留绿色缓冲地带，形成兰斯塔德环形城市带。从20世纪50年代开始规划并逐渐形成的多中心兰斯塔德城市群，是绿心城市的典型实践。

在20世纪60—70年代，荷兰开始了新城运动的实践。新市镇的创建主要为了解决人口增长带来的住房短缺，以及无序化的郊区蔓延。在功能上，新城为核心区的城市提供辅助功能，解决相应的住房和社会问题。在空间上，采用"分散化集中"模式，新城组成中小城群分布在大城市周边。

在随后的几十年中，为了解决大城市的衰败问题，旧城复兴在阿姆斯特丹、鹿特丹等城市展开，投资转移到城市功能区的重新评估和发展上。例如城市滨水区的复兴、旧区住宅更新等。

进入新世纪之后，荷兰的空间规划发展对于环境的重视程度不断提高。国家第五次空间战略规划提出自然环境与城市空间协调整合发展。在区域空间上，例如"兰斯塔德2040远景规划"将传统的保护"绿心"转变成为保护"蓝一绿"带，重视城市的生态格局。而在应对气候变化带来的挑战上，重视水系统规划与管理也已成为趋势。

回顾荷兰在城市空间发展的历史，可以发现相关的概念和术语十分丰富，包括绿心城市、田园城市、绿色城市主义、紧凑城市、可持续城市、生态城市、水上花园城市等。而探寻其本质内涵，都是在城市发展的同时追求人为建设与自然环境的相互协调。

三、鹿特丹：逐渐融合的港城空间

1. 城市概况

鹿特丹位于荷兰的西部，莱茵河三角洲边缘。拥有60万人口的鹿特丹是荷兰第二大城市，也是欧洲第一大港口，素有"欧洲门户"之称。地处大西洋海上运输线和莱茵河水系运输线的交接口，兼具河港与海港的特点。城市地势平坦，低于海平面7m左右。市区面积超过200km²，港区100km²，市区内还包含长达400km的运河。

鹿特丹位于马斯河沿岸，市内各种支流与河道丰富。沿着高低变化的河道走，能看到各式各样大小不等的船只在河边停靠，背景是类型不同错落有致的建筑。鹿特丹的城市建设大多是在二战之后规划实施的，建筑以战后新建的为主，许多造型新颖独特，外观多变。体量巨大的商业办公建筑和极富设计感的住宅建筑在市区内随处可见，现代感十足。而老城区保留了旧风貌，许多街道依然是石头铺就的路面。

2. 水—城空间特色

（1）水城关系

不断变化的港城关系是鹿特丹的空间特色。在19—20世纪的大部分发展中，鹿特丹的城市与水的功能是相对分开的。港口的发展主要同产业有关，从最初的运输仓储业到后来的物流管理等产业，其地域空间的生长动力主要来自港口产业的演替，在形态上主要呈现出持续延生的带状组群的布局，不断增大的规模使得港口向西部的北海蔓延。在这个阶段，港口的影响区域主要以码头地区为主，与内城的城市化相反，在城市居民视线和脑海中的港口意象在不断减弱。

在之后的几十年中，水与城市的关系有了新

变化。首先是对内城旧港区的更新，作为"城市DNA"的河流开始作为城市的重要文化身份象征被融入到城市中，大规模的滨水开发项目将马斯河纳入城市的中心空间结构。通过挖掘旧港区四个区块的不同特色，分段打造城市空间，联系河道两岸，在物质和精神层面重塑了中心城区与河流的关系。其次是促进港口和城市以有机和谐的方式共同演化，打造适合两者共同发展的功能和活动。例如2002年开始的"鹿特丹城市港口计划（Rotterdam CityPorts Project）"，根据五个区域不同的动态情况制定各自的创新角度（容量和价值、跨越边界、三角洲技术、漂浮社区、可持续移动）。

（2）开放性的城市空间

鹿特丹的中心城区规划与水体息息相关，在空间和功能上结合紧密。在发展中积极保护水系，同时利用连通的支流与运河发展各个功能区，并在水系周围设置具有生态功能的开放空间。

在规划过程中，通过以水为导的原则，结合水道两边的绿化和建筑，在滨水区域融合商业、休闲、餐饮、旅游、居住和办公等各种功能，创造出开放的亲水空间，从而提升城市内在活力。人们在酒吧、餐馆聚会吃饭，参加各类休闲娱乐活动和水上项目，游览城市美景。

3. 规划与发展趋势

（1）空间发展战略2030

为了增强国际地位和提高城市竞争力，"强劲的经济实力""具有吸引力的宜居城市"是鹿特丹城市空间发展的两大新目标。提高就业率，创造良好的居住环境，以吸引更多的居民、企业和游客，是解决问题的关键。

在新的挑战下，"空间发展战略2030"对于高质量公共空间的营造，基础设施的完善，城市环境的提升、遗产保护和水资源管理等都提出了发展要求。例如，对滨水区域的发展主要集中在三个方面：港口优势，港区逐渐向城市区域转换以及成熟的城市中心。

（2）弹性城市

鹿特丹的大部分区域低于海平面7m，并且要应对北海潮涌、莱茵河洪水、雨季城市排水等威胁。随着气候变化对城市的影响逐渐增大，在各类规划中都提出了与此相关的空间发展策略，积极应对挑战，是目前的趋势之一。

弹性城市（Urban Resilience）是基于城市应对各类灾害的复原能力提出的概念。从2004年开始，鹿特丹各阶段应对气候变化政策、水城规划、港口规划中，均有气候变化普及、防范洪涝危害的空间

发展、适应气候变化的综合框架策略、水系管理等相关内容的体现。

（3）水资源管理

在面向未来的发展中，鹿特丹重视将水资源管理与城市规划、经济发展结合起来。在"鹿特丹水城2035"的发展策略中，城市规划师与水资源专家一起合作并制定计划，强调水系的保护对城市生活质量的提高有着重要作用，许多创新性的概念也在项目中得到发展，例如绿色屋顶、保水性广场、漂浮城市等。

四、阿尔梅勒：水网交织的新城空间

1. 城市概况

阿尔梅勒位于荷兰的弗列佛兰省，距首都阿姆斯特丹仅为25km，是荷兰采用"自上而下"规划方式形成的最大新城。规划至今虽然仅有40多年的时间，却是荷兰发展最快的城市之一，是目前荷兰的第七大城市。截止2011年，阿尔梅勒的人口数量已经超过19.1万，并且仍以每年3 000人的速度不断增长。

阿尔梅勒是通过填海造田形成的圩田城市，全市面积248km^2，其中水面积约占118km^2。城市的水系结构包括湖、运河、河道与沟渠等，主要特点是密集的运河与河道网络。地表的水系分布密集，功能多样，同时拥有较为严密的管理系统。

2. 水—城空间特色

（1）城市空间形态

阿勒梅尔的城市空间在形态和功能上具有鲜明的特色，体现在以下四个方面。

① 多中心组团模式被用来组织城市。通过紧凑布局的六个组团聚合而成。每个组团的大小不一，承担不同功能，并被分成多个邻里单位。

② 从邻里空间内部到各个组团，空间结构由"蓝绿系统"组织和贯穿。蓝色代表水系，运河和水道作为纽带分隔和点缀组团，并连接人工湖，同时具有交通、景观和休闲等功能。绿色代表缓冲空间，其组织模式则由两类不同的绿色基础设施系统体现，一种是公园、森林、绿地组成的绿带，另一种则是以自行车道和步道为基础的绿道。

③ 土地利用集成度高。融合居住、商业、生态、工业、农业、休闲等。其中大型的工业和商业区与居住区隔开，并分布在各组团的边缘。

④ 完善的公共交通系统。组团间通过高效的道路连接，重点发展公交、自行车、步行系统。城市通过高速公路、铁路与阿姆斯特丹相连。

（2）网络化的组团设计

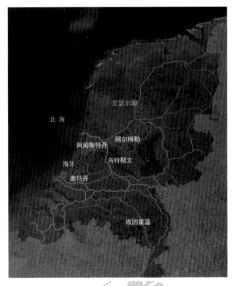

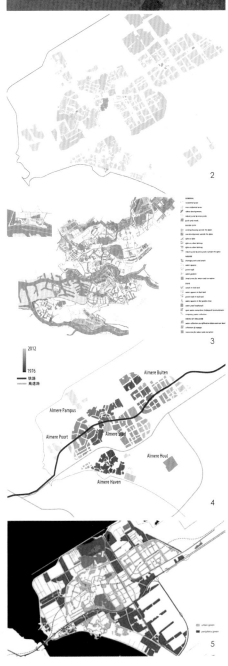

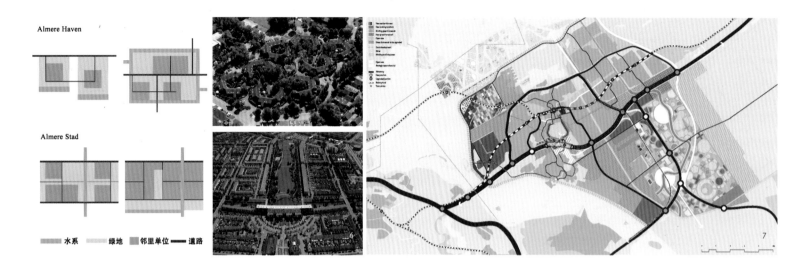

Almere Haven

Almere Stad

■ 水系　■ 绿地　■ 邻里单位　—— 道路

6.典型组团空间分析
7.阿尔梅勒2.0城市空间结构

随着设城市形态和密度的变化，建成环境与自然的关系随之变化。其中，水系在邻里空间的组团设计中已成为重要元素，同时结合绿地与街道，构成各具特色的组团。居住区域采用河道环绕与融入的空间形式，提升居住环境品质，创造良好的景观，并发挥生态作用。

3. 规划与发展趋势

（1）城市职能的转变

阿尔梅勒最初的规划设想是作为阿姆斯特丹的卫星城，从目前看来，在高质量的自然条件、完善的基础设施以及住房的提供达到了原先的规划要求。但随着人口的增长和城市区域的不断扩张，在提升地方、区域乃至国家层面的区域竞争力上，阿尔梅勒开始有了新的发展要求和机遇。

2007年通过的OMA的城市空间设计提供了一个新的远景。各类新建筑和城市空间设计使得城市风貌有了新活力。为此，阿尔梅勒的身份开始从原先的大都市郊区转换为独立发展的新城。随着市郊身份的逐渐脱离，良好的自然环境价值也将在城市空间中起到新作用。

（2）阿尔梅勒2.0

阿尔梅勒目前主要的城市结构是在上世纪70年代初所规划形成。为了应对快速发展，实现城市到2030年提供10万个新工作岗位、6万座新住宅及人口翻倍的发展目标，"阿尔梅勒2.0"的规划应运而生。同时，针对在经济、生态和社会等各方面的可持续发展要求，阿尔梅勒政府提出了7条原则：①重视多样性；②连接区域与环境；③结合城市与自然；④预测变化；⑤保持创新；⑥设计健康的系统；⑦加强公共参与。

规划中重视东部的发展。在新的空间结构中，平整的湖面、环形的运河、交错的水道，结合水坝、耕地的广阔自然空间，能够形成完整的生态系统，并提供特殊的水体景观系统，带给城市更多的可能性。而通过对生态水系的开发，可以发展会展、沙滩运动，休闲娱乐等，并促进旅游业发展。

（3）水资源管理

首先是应对气候变化的挑战，对城市雨洪管理将会不断增强，为城市发展带来的新人口提供安全保护，也为城市的正常功能运作提供保障。其次是对公众参与的强调，更多的利益相关者将会参与水资源管理过程中，使其更好地与城市发展和自然环境相结合。

五、总结

新世纪对于城市风水的探讨，更多的关注点是在低碳城市、绿色城市的理念下对环境与城市的发展进行整合。在城市空间结构的处理上，更多的是注重生态环境和空间布局的利用效率，根据不同该区域的差异化发展特征提出相应的发展策略。

在荷兰的城市空间发展过程中，如何在保持运行效率的同时，强调环境的作用，营造健康有序的城市空间，始终是探讨的重点。在分析的两个典型案例中，鹿特丹是港城代表，水与城的关系在功能与结构上几经变迁，港城融合探索共同发展已成为必然趋势。阿尔梅勒是新城代表，填海发展的圩田城市在结构的处理上更为理想化，田园城市理念被运用到组团与空间布局中。

两个城市各有特色，但也有许多共同点。作为荷兰水城的代表，都利用相互连通的水系，开发各个功能区，并利用水系周围的空间发展具有生态功能的城市公共空间，并注重绿色开放空间的设置。在发展趋势上，都体现出以实现水体、城市、陆地更高层次的整合为目标。同时，根据发展情况调整和制定远景规划，加强公私各部门的多重合作，以及应对气候变化将城市水系统管理融入结构规划等，也是重要的关注点。

参考文献

[1] F L Hooimeijer er al. Atlas of Dutch Water Cities [M]. Amsterdam: Sun Architecture, 2009.

[2] Gemeente Almere. Almere 2.0. 2009.

[3] Gemeente Rotterdam. Stadsvisie Rotterdam 2030. 2007.

[4] Hoyle, B.S. The redevelopment of derelict port areas [J]. The Dock & Harbour Authority, 1990, 79 (887): 46-49.

[5] Martin, A., Tom, D., Menno, H., & Walter, V. Port-city development in Rotterdam: a true love story [EB/OL]. http://urban-e.aq. upm.es/, 2011-01-03/2015-8-8.

[6] Mastop, H. Performance in Dutch spatial planning an introduction [J]. Environment and Planning B Planning and Design, 1997 (24): 807-813.

[7] Mendy, G. Almere in Water. Integration of spatial planning and water management for climate adaptive urban development [D]. Delft University of Technology. 2013, 33-42.

[8] Rotterdam Climate Initiative. Rotterdam climate proof 2010. Rotterdam: Rotterdam Climate Initiative. 2009.

作者简介

陆媛，同济大学建筑与城市规划学院城乡规划学硕士研究生。